# 日本庭园

## 简约 宁静 和谐

【美】吉塔·K·梅塔 【日】多田君枝 著

【日】村田昇 摄影 任艳 译

华中科技大学出版社
http://www.hustp.com
中国·武汉

有书至美
BOOK & BEAUTY

## 图书在版编目(CIP)数据

日本庭园：简约 宁静 和谐 / （美）吉塔·K.梅塔，（日）多田君枝著，（日）村田昇
摄影；任艳译. -- 武汉：华中科技大学出版社，2019.9
ISBN 978-7-5680-5490-4

Ⅰ.①日… Ⅱ.①吉… ②多… ③村… ④任…Ⅲ.①庭院 – 园林设计 – 日本 – 图集
Ⅳ.①TU986.2-64

中国版本图书馆CIP数据核字(2019)第171136号

JAPANESE GARDENS: TRANQUILITY, SIMPLICITY, HARMONY By GEETA K. MEHTA AND KIMIE TADA
Copyright: ©TEXT BY 2008 PERIPLUS EDITIONS(HK) LTD., PHOTOS BY NOBORU MURATA, PROJECT
COORDINATOR BY KAORU MURATA
This edition arranged with TUTTLE PUBLISHING / CHARLES E. TUTTLE CO., INC.
through BIG APPLE AGENCY, INC., LABUAN, MALAYSIA.
Simplified Chinese edition copyright:
2019 Huazhong University of Science and Technology Press(HUST Press)
All rights reserved.

简体中文版由 Tuttle 出版社授权华中科技大学出版社有限责任公司在中华人民共和国境内（但不含香港、
澳门和台湾地区）出版、发行。
湖北省版权局著作权合同登记 图字：17-2018-258 号

# 日本庭园： 简约 宁静 和谐
Riben Tingyuan:　Jianyue Ningjing Hexie

【美】吉塔·K.梅塔 【日】多田君枝 著

【日】村田昇 摄影　任艳 译

| | | |
|---|---|---|
| 出版发行： | 华中科技大学出版社（中国·武汉） | 电话： (027) 81321913 |
| | 北京有书至美文化传媒有限公司 | (010) 67326910-6023 |
| 出 版 人： | 阮海洪 | |

| | | |
|---|---|---|
| 责任编辑： | 莽 昱　张丹妮 | 封面设计： 唐 棣 |
| 责任监印： | 徐 露　郑红红 | |

| | |
|---|---|
| 制　作： | 北京博逸文化传播有限公司 |
| 印　刷： | 北京华联印刷有限公司 |
| 开　本： | 635mm × 965mm　1/16 |
| 印　张： | 13 |
| 字　数： | 50千字 |
| 版　次： | 2019年9月第1版第1次印刷 |
| 定　价： | 168.00元 |

# 目 录

# 自然、时间和人彼此温柔以待

在梦境与现实之间，

在时间与思想之外，清晨如约而至，清新如昨；

清晨，是过午的清晨，

清晨，是傍晚的清晨，

这生命之晨，仿若一颗闪亮的露珠，

心灵的庭园，亦是灵魂深处的庭园，

一切尽在这庭园。


自然、时间和我彼此温柔以待，

灵魂在美好中编织、孕育。

手中所持的，

是一把锄头，抑或是一把剪刀、一粒种子，

用我透明的双手抓住又放开。

过去离我而去，未来向我走来，

一切尽在这庭园。

——吉塔·K.梅塔（Geeta K. Mehta）

本日本庭园与建筑有着极其密切的关系，这是日本庭园的显著特点之一。在设计和运用某个元素时都会同时考虑到与其他元素之间的相互关联。木制拉门就如一面可以活动的墙壁，一旦拉开，便可将内部和外部的空间融为一体。屋舍从选址到设计、建造，主要考虑的因素便是能否更好地放送园景。

庭园是一种至纯至美的存在，是人们内心神圣至善的体现。一座美丽的庭园能直达我们灵魂深处，使我们与之产生共鸣。无论何时置身其中，庭园总能如清晨一般清新如初，荡涤心灵。一旦将其内化于心，你便可以在其中流连徘徊，任心灵被新鲜的能量包围着、滋养着。如何才能建造并打理好这样一座庭园呢？所有优秀的日本园丁们一直以来都在不断求索，试图探寻并回答这一问题。

本书作者们开始了一段探寻日式庭园的美丽旅程。在那些令人迷醉的庭园之中，我们看到了人、自然和时间三者相辅相成，和谐共存。那么多精美的庭园各具魅力，却无法在本书中一一呈现。这些庭园有许多已在岁月变迁中改变了模样，即使是当初的设计者来到这里大概也很难辨认得出了。京都西芳寺（Saiho-ji）的"苔庭"就是这样一座庭园。建园之初，设计者并未将绿苔作为庭园的构成要素，而如今，这青青绿苔已经肆意生长了几百年，成了该庭最大的特色。

人类的聪明才智及其在几何学方面的日臻完善，在很大程度上影响着世界上大多数地区的庭园设计。但日本庭园在这一方面却是个例外。世界上大多数地区的庭园都是作为住宅建筑的附属部分，分布于建筑物周围，这也正是这些庭园的主要功用。而在日本，情况却完全不同。在那些典型的日式庭园中，茶庭和其他建筑通常只出现在庭园的一隅，相对庭园景观而言，显得含蓄低调，毫不张扬。据说平安时代的贵族们通常会先选址建庭，庭园建成后，才会在余下的空地上建造宅邸。

日本庭园虽与中国园林有很大不同，但其形成与发展却受到中国园林的巨大影响。明治时代以前，中国园林在日本备受推崇。然而，尽管如今日本园林中那些炙手可热的植物许多都源自中国，但日本园林的精髓却可以追溯到佛教传入日本之前的时代。那时人们相信万灵论，大自然被认为是神圣不可侵犯

的。人们相信每块石头都是有灵魂的。当时那些最优秀的园丁们也会像现在一样，努力地去探知每一块石头所代表的深刻含义，并借助不同的摆放形式将其灵魂表达出来。树木的修剪也旨在回归其本源。秋天的树叶总是备受珍视，欣赏价值也极高。作庭时，设计师往往会精心挑选那些最能表现季节变化之美的植物，让它们出现在庭园最适宜的位置，随着四季轮回，展现出自然特有的韵律。

日本庭园大致可分为两类：一类是游览式庭园，游览者可以进入其中一边漫步一边欣赏园景；另一种是观赏式庭园，游览者更注重由眼及心的体验。游览式庭院包括回游庭、净土庭和茶庭。观赏式庭园专为静思冥想而设计，包括枯山水庭和里院（naka niwa）。观赏式庭园通常都会从庭园的一侧观看，或者从宫殿或宅邸的房间（shin-style room）内观看。从这样特定的角度观赏庭园，就仿佛在欣赏一幅立体画卷。其庭内景观在这一特定的角度下会以最完美的方式呈现于观赏者眼前。人们便可以在欣赏庭园景观的同时，参悟其中深邃而复杂的禅宗寓意。龙安寺（Ryoan-ji，参见第55页）的方丈庭就是最典型的例子。

## 日本庭园简史

日本最早的庭园被称为"niwa"（即庭院），通常是指自然界中那些神圣的物体或场所，如树木、山脉或形状奇特的岩石等。在很早的时候，那些从平原上拔地而起的山脉和岩石通常被认为是神的象征，可以通神灵、卜吉凶。天然石组常被人们顶礼膜拜，即磐境（iwasaka）或磐座（iwakura），是神和圣灵降临或居住的地方。人们常用白沙或绳结来划分和标记这些区域。

神道教早于佛教出现，是日本的本土宗教，崇拜自然和先祖。这一时期庭园的雏形为日本庭园的发展奠定了基础。

将窗牖和拉门（shoji）拉开，房间和外面的庭园便连通了起来。屋外如画的春天樱花让庭园的一切都充满了生机。精致的竹帘把庭院与房间完美地隔离了起来。

后来，日本庭园又在朝鲜园林和中国园林的影响下进一步发展。到了公元6世纪的大和时代（Yamato period），日本贵族阶层出现了具有宗教特色的庭园。虽然这些庭园已不复存在，但在这一时期的日本文献中却提到了这些早期的庭园。奈良的考古记录表明，在这些早期的庭园中通常会建有池塘，中间还会有一个或几个小岛。一些学者认为，这些庭园表现出来的是海上岛屿景观。早期的移民在乘船到达大和平原时所见到的大概就是这样的海上风光。这些早在佛教传入日本之前建造的庭园很有可能是由妇女设计的。日本早期的神道教女祭司和萨满在建造像庭园这样的圣地时发挥了关键作用。到了飞鸟时代和奈良时代，佛教传入日本，随后日本女性在庭园设计方面乃至社会生活的各个方面逐渐失去了自己的舞台。

飞鸟时代和奈良时代的知名庭园所表达的是佛教和道教对神圣世界的憧憬。留学僧与遣唐使们把佛教带到日本的同时，也将桥梁等中国园林设计元素加入到了日本本土庭园设计之中。到了平安时代，贵族阶层宅邸中以中国园林为原型的寝殿造庭园（shinden-zukuri）开始流行起来。寝殿造庭园中，庭园通常会建在宅邸的南端，庭中央会有一个池塘，流水沿着水渠汇入池塘之中。

到了平安时代晚期，庭园建造更加普遍，规模也更大了。那时的庭园以再现各种自然景观为目的，设计了诸多假山、池塘和溪流。池塘里的小山代表着须弥山（shumisen），那是印度佛教神明所居之地。那时，日本国内开始流行起中国式的雅集（kyokusui no utage）。王公贵族们聚到一起坐船游园，赋诗作词，品尝米酒。当时还盛行一种游戏，若盛满米酒的酒杯传到自己手中时未能赋诗一首，那就要饮酒认罚。那时庭园里的溪流常与瀑布和大到足以泛舟其上的池塘等庭园水景相连。建筑物之间的区域皆用沙子填充，以利于排水。

除了娱乐，这些庭园还是漫步冥想、诵读佛经之地，是参禅悟道的场所。由此看来，平安时代的庭园便是现代回游式庭园的雏形。若要了解这一时期的庭园，最好的途径便是这一时期的典籍了，比如第一部日本小说《源氏物语》（*The Tale of Genji*）。平安时代晚期的净土宗所说的"净土"即指佛教的"西天"，是修行者与佛陀终极所向的天堂圣地。净土寺院和贵族宅邸庭园都是按照"西天"的样子建造的。庭中宅邸里的居室都只有一个房间，中间有开放的亭台互相连接，庭园则围着整个宅邸设计建造。净土庭园中有一条溪流流过，象征性地将今生和来世分隔开来。而庭中的岛屿和桥梁则象征着从世俗享乐通往永恒信仰的必经阶段。庭中的池塘也通常会根据汉字"心"的形状来建造。

平安时代后期，庭园有了新发展。人们通常会在庭园里建一座阿弥陀佛堂和一个池塘。例如，位于京都附近宇治市（Uji）的平等院（Byodo-in）、京都的净琉璃寺（Jyoruri）和岩手县（Iwate Prefecture）平泉町（Hiraizumi）的毛越寺（Motsu-ji）都是这种风格的庭园。道教和万灵论对这一时期贵族的社会生活影响较大，因此庭园也会依照"四神相应"（shijinso）的原则来设计建造。这源于道家四神兽的传说，即守卫四方的神，将其安放于庭园中合适的方位便可起到趋吉避凶的作用。道家学说认为，庭园建筑最好的风水布局应是：北临山丘，东临河流，南有池塘，西为街道。

最古老的日本庭园设计手册是平安后期由橘俊岗（Toshitsuna Tachibana）所著的《作庭记》（*Sakuteiki*）。该书记录了寝殿造庭园的建造方法，包括土地的分割、石组和人造瀑布的布置、排水以及植物的种植等。关于庭园建造的所有技艺和规范都完整地汇编于此书之中。书中提到，理想的庭园旨在呈现大自然最本真的形态。作庭所用的石头必须精挑细选，巧妙安置，否则就无法实现趋吉避凶的功用，反而可能带来霉运。正是出于这方面的考虑，庭园中一般避免对称格局。《作庭记》中记载："水以由东向南、往西流者为顺流，故庭上遣水，以东水西流为常法。"也有关于立石的记载："凡庭石，立少卧多。逃石之后必有追石紧随其后；俯石旁侧亦必有仰石相伴。"

到了镰仓时代和南北朝时代，出现了一种全新的庭园设计风格。那时候禅宗寺庙逐渐从城镇迁到山区。当时的僧侣作庭师称被称为"立石僧"（ishi-tate-so），他们在山林中摆放石组，为佛教僧侣营造出冥想参禅的静修之所。当时最著名的僧侣作庭师是梦窗疏石（Soseki Muso，1275–1351年），他在建造庭园时以沙子、碎石和石头为主要设计元素，对植物的选用则相对较少。

室町时代常被称为日本庭园发展的"黄金时代"。由梦窗疏石等人引领的庭园设计新潮流在这一时期得到了进一步发展，逐渐形成了后来的枯山水庭园风格。山峦、湍流以及遍布沙石的河床等自然景观以缩微的方式被一一呈现出来。枯山水庭园既受深邃的禅宗教义的影响，又受到中国水墨画的启发。例如，他们会用专门的石组来表达"激流勇进"之寓意。也有的庭园是为参禅悟道而设计建造的，人们观赏园景之时，精神世界得以升华，达到"顿悟"之境。这些庭园景观所表达出来的禅理意在让观赏者更好地自省。其中较有名的一条禅理便是"孤掌而鸣"。京都的枯山水庭园皆由精心耙制的沙子和石组构成，在京都大量绿植的包围之下，就如同沙漠中的绿洲一般令人心醉神迷。

到了室町时代中期，禅宗作庭师们开始为当时逐渐崛起的武士阶层建造庭园，禅宗寺庙也因此得到了武士阶层的经济支持。"山水河原者"（senzui kawaramono）是当时社会最底层的工匠，他们在禅僧的指导下修建庭园。那个年代所建造的枯山水庭园中比较著名的有京都的龙安寺（参见第55页）和大仙院（Daisen-in）。这一时期的日本艺术崇尚极简、内敛、质朴的风格，是艺术史上前所未有的一次伟大飞跃。这一艺术风格的形成受到了当时社会两大主流思潮的影响：禅宗和武士道（Bushido）。"节俭之道"（yasegaman no bunka）的盛行也是影响因素之一。对于那些物质匮乏甚至经常食不果腹的人们来说，节俭之道可算是他们的精神支柱。这个时期权倾一时的武士阶层以及富甲一方的商人们皆信奉节俭之道，并成了包括能剧、茶道和庭园设计在内的禅宗艺术的主要推动者和支持者。

战国时代出现了两种新的庭园设计风格。其中一种是用形状奇特、颜色鲜艳的石块以及珍稀植物如苏铁为主要设计元素来作庭，这种作庭风格深受将军们的喜爱。另一种是茶庭，由茶道大师村田珠光（Shuko Murata）、千利休（Sen no Rikyu）等人推广。这些茶庭所表达的皆是茶道哲学，强调简约、内敛、和谐、雅致和克己，即日语"侘寂"（wabi sabi）一词所表达的内容。在日本，茶道不仅包括制茶，还包括书法、花艺、建筑和庭园设计。茶庭里通常都会有一条通往茶亭的石阶，叫作"露地"（roji）；还用石灯笼营造宁静温馨的氛围；石水盆供访客净化之用；而篱笆也是茶庭中较常见的，用来将茶的世界与世俗世界隔离开来。沿着"露地"走向茶亭的过程，就像是一种仪式的开始，是进入茶的世界的第一步。在茶庭内，茶亭和其他构成元素皆呈现出质朴的田园风貌，并力求与周围的自然环境融为一体。

在江户时代的东京，庭园建造沿袭了早期的设计风格。同时，大名（即世袭领主）和武士地主们也开始兴建大型池泉回游式庭园（chisen）。这种庭园在以往庭园设计风格的基础上进行了革新，时至今日这些设计风格依然独具一格，令人耳目一新。小堀远州（Enshu Kobori）是这一时期最著名的庭园设计师。他为一位身份显赫的王子建造的桂离宫（Katsura Rikyu）是当时最具代表性的池泉回游式庭园。当时武士集团首领们在他们的城堡和府邸里建造大型的"回游庭园"。庭园中央通常有一个池塘或假山，一条小路蜿蜒其中，游客们可以顺着小路在不同的景点之间游览漫步，观赏那些令人耳目一新的景致。有的池泉回游式庭园也被设计成了便于室内欣赏的样式，例如东京的八芳园（Happo-en，参见第169页）和冈山（Okayama）的后乐园（Koraku-en）。遗憾的是，当时许多大名的漂亮庭园都在明治维新前后的战乱中被毁，只有极少数幸存下来。

在金泽（kanazawa），人们用稻草包裹石灯笼以保护它们免受严寒天气的影响。用稻草包裹石灯笼很讲究技法，因此这种石灯笼已经成为金泽庭园独特的景致了。

江户时代有着长达二百五十年的和平时期。随着商业的繁荣，社会上出现了很多富商。他们在自己的宅邸里利用有限的空间来建造庭园。有一种建在狭长町屋（machiya）里的小型庭园，人们称其为"里院"或"中庭"（tsuboniwa）。观赏者通常需要站在门廊或者房间里来欣赏庭园景色。庭园周边设有专门的观赏处，空间不大，却能够提供绝佳的观赏角度，恰到好处地将园中风韵之一二展露出来，让人忍不住想要往更深更广处探寻一番。当时商人的社会地位比武士阶层低，富商都迫切地想要凭借卓绝的庭园设计和对艺术的慷慨资助来彰显他们的高雅与高贵。

明治时代，日本政府施行"全盘西化"政策，庭园设计也因此大大偏离了日本传统的庭园设计风格。当时政府推行土地改革，曾经的大名们失去了原有的地产。一些庭园被改建成公园，还有一些则被转型为富商和政要的大名们重新购回并重建。当时日本专业庭园设计师又被称为"植治"（Ueji），七代小川治兵卫（Jihei Ogawa）便是其中之一。他在日本东京设计的日本国际文化会馆（参见第200页）被认为是传统与现代结合的典范。

日本明治时代的公园对社会各阶层平等开放，这也恰好体现了当时日本社会提出的"消灭阶级"的革命新思潮。彼时的日本政府致力于让东京迈向现代化，即"全盘西化"的发展之路，开始效仿西方发达国家首都的发展模式，并邀请英国建筑师约西亚·孔德（Josiah Conder）等人到东京设计西方风格的建筑和园林。此外，日本政府还鼓励日本建筑师和园艺师学习西方建筑技术和建筑美学。德国人赫尔曼·恩德（Hermann Ende）和威廉·博克曼（Wilhelm Bochman）经营的公司承担了主要的设计工作。他们提出了新巴洛克风格的设计计划，即在东京皇宫以南和以东的区域，建造了呈放射状排布的街道和被政府大楼环绕着的公园。日比谷公园便是根据这种设计风格设计建造的。这座公园整体的设计既富于变化和创新，又体现出了日本本土和西方设计风格的折中与融合。很快，这座公园便成为当时主要的旅游景点。人们蜂拥而至，只为一睹日本第一座西式公园的风采。公园里有青青的草坪、玫瑰园以及各式花坛，池塘里有天鹅在悠闲地游弋。公园里还有专门的步行区，是一家人漫步放松的好去处。这些都是西式公园最与众不同的地方。英国、德国和法国的种植技术也相继引入日本，并进行了相应的改进，以适应日本的国情。与日本封建时期的旧式园林不同，这些西式园林被认为是日本走向现代化的标志。第一次世界大战前后，日本国内展开了轰轰烈烈的公共设施建设，全盘西化的思潮也影响着当时日本庭园和公园的设计建造风格。为1964年奥运会而建的东京代代木公园（Yoyogi Park）和驹泽公园（Komazawa Park）最具代表性。然而，雕塑家野口修（Isamu Noguchi）和插花大师敕使河原（Teshigahara）的作品也同样让日本传统园林的魅力得以彰显和体现。重森三玲（Mirei Shigemori, 1896-1975年）也是这一时期的明星设计师之一，他藐视传统设计规范，在创作中力求突破与创新，大胆运用现代设计手法，对传统设计理念进行了全新的阐释。

第二次世界大战的战后昭和时代，日本掀起了一波国家建设的狂潮。借助缩微模型进行园林建造的现代派园林建造方法得到广泛应用。与传统园林设计理念不同，这种园林建造风格不再关注用户体验和人的主观感受。其建筑物通常以混凝土平台为基础。传统的日本园林设计艺术通常以庭园环绕建筑。而到了昭和时代，这一传统园林风格被环绕在高层建筑周围的巨大混凝土广场所取代。千叶市（Chiba）新的商业中心幕张展览馆（Makuhari Messe）就是这种设计风格的典型代表。直到现在人们才认识到这种设计风格是对环境的巨大破坏。除此以外，丹下健三（Kenzo Tange）设计团队所建造的多个毫无绿植点缀的大型广场也是这种建筑风格的产物。如果改用传统日本园林设计风格，这些地方的景观又会是怎样的呢？对此，人们大概只能靠想象来寻求答案了。

## 日本庭园中的象征与抽象

自日本古代园林专著《作庭记》问世以来，日本庭园便被赋予了六大属性：隐逸、古朴、空灵、智巧、水韵和风景。随着时间的推移，其他重要属性也陆续被纳入其中。可以说，日本庭园的灵韵是其巧夺天工的作庭技艺赋予的，而精湛的作庭技艺必然要在漫长岁月中不断积累、反复磨炼才能够掌握，绝非一日之功。但说到日本庭园与众不同、独具一格的作庭理念，我们却可以在接下来的内容中详细地加以讨论。

除了以上提到的万灵论、佛教和道教等诸多元素，日本庭园的其他方面也能加深游客的观赏体验。例如，有些植物被赋予了极其丰富的寓意。松树和常绿植物象征着永恒或长寿，竹子则象征着真理和活力。尽管室町时代的禅师们摒弃了《作庭记》一书中所表达的"迷信"思想，但他们建造的庭园却保留了许多抽象理念，而这些理念与千年前《作庭记》中所讨论的关于自然或精神现象的理念毫无二致。例如，水一直是净化的象征。但在禅宗出现之前，庭园中的水可能寓指腾云的龙，而在禅宗花园中，水则象征着夏天雨后的清凉。白沙代表海洋，石头寓指岛屿。石灯笼，尤其是灯笼顶端的宝珠则是开悟的象征。实际上，我们并不需要去刻意寻找日本庭园中的象征意义，这样做甚至会适得其反。像龙安寺（参见第55页）这样的庭园，其设计初衷是为了解放人们的思想，使其不受既有思想的禁锢，然而人们却总是试图将庭园与某些寓意联系起来，而与此相关的阐释也是五花八门、比比皆是。

在日本庭园设计中，"侘寂"这一概念相对来说更富于表现力，也更难解释。这种美学和哲学理念所要表现的是事物最本真的美，即不完美和无常。它源自佛教的教义。佛教认为不完美即是事物原本的状态，时间永恒变化不止，万事万物皆无常。过去人们将"侘寂"这一概念解释为简明、极简、含蓄、质朴和孤独等含义。时间的流逝和事物的无常在作庭材料的选择中皆有所体现，所选材料本身就是不完美

的，它们或古老，或破旧。还有庭中的各种景观布局，总让人联想起密林中的幽深与孤寂，这也是对时间流逝和万物无常的一种表达。日本庭园避免过度装饰，旨在凸显自然之精髓。那些古老陈旧的作庭材料所表达出来的是人性的脆弱、生命的易逝以及时间悄无声息却永不停歇的流逝。日本著名艺术家横山大观（Taikan Yokoyama）以画富士山闻名，他评论说，日本人崇尚不完美。禅宗认为若一味追求事物当下之完美就会被束缚其中难以解脱。日本庭园在此思想指引下，尝试表达"完美之不完美"的意境。例如，作庭师们会耙制出完美的几何图案，然后在上面撒上几片枯叶。无论是开阔的茶庭还是小小的盆景山水，都能同样精妙地体现出"侘寂"之精髓。

日本庭园景观通常包括前景、中景和远景三部分。远景通常会利用"借景"，即庭园之外的自然景色。在设计庭园的时候，远处的山脉、森林、平原或大海都会作为"借景"出现在整体景观布局当中。中景的设计意在将远景和前景中的绿植以及其他元素衔接起来，起到承托延续的作用，从而使"借景"完美融入庭园景观，成为不可或缺的组成部分。这样做也极大地增强了庭园的空间感。

如果设计师想要游客驻足观赏某一特定的景观，便会在此处放置一块表面凹凸不平的大石。这样游客沿小径走到大石跟前时，便会自然停下来，以全新的眼光仔细打量眼前的景观，而不会着急看向远处。

作庭师还常常利用缩微技术来设计庭园。漫步庭园中，作庭师会将自然景观或风景名胜按比例缩小在庭园中加以重建，如圣山、河流或池塘等。禅宗庭园中微缩景观的应用往往借助抽象的象征手法。小山丘可能代表着高山险峰，而砂坪中的波纹则代表浩渺海洋。茶园、里院和盆景是理想化的微缩自然景观代表。缩微手法在有限的城市园林空间中大有用武之地，难以被取代。

隐逸的空间对于日本的建筑和园林设计来说是一种奢侈，最好的建筑和园林设计皆致力于此。日本庭园采用"捉迷藏"式的手法来营造私密的空间。庭园的独特设计使

得游客不可能同时看到庭中的所有组成部分。一座建筑或一处景观可能从一个视角被突显出来，但视角转换后便会隐藏，然后又会在某一处重新出现在视线之内。这种布景方式既让人有神秘之感，又充满了发现的乐趣，它在日语中被称为"幽玄"（yugen）。

自然景观从来都不是对称的，日本庭园在表现自然时也遵循这一规律。像富士山这样几乎对称的天然存在在神道教中被奉为圣物。但在庭园设计中却要尽量避免对称，而是采用具有动态平衡的非对称设计。对称平衡相对来说太容易实现，且过于静态。日本庭园设计的这一特点使得它区别于包括西方和中国的美学传统在内的几乎所有其他的美学传统，独树一帜。

对季节变化的表达也是日本庭园、花艺、茶道和烹饪中的一个重要组成部分。不同季节的不同色彩和心境均以不同的方式得到了充分表达。平安时代日本武士集团的首领平清盛（Kiyomori Taira），建了四座宫殿来对应四季：春天的宫殿里花团锦簇，夏季的宫殿处处水波荡漾，秋天有赏月宫，冬季有观雪宫。

过去，日本的作庭师、建筑师、画家或手艺人都尽其所能地在创作中将自己"隐身"，仿佛他们创造出来的作品是原本就在自然之中存在着的。若想做到这一点，必须对所选用的各种作庭元素有深入的了解，并且在运用这些元素进行设计时必须尽量隐藏设计者的主观影响，使人为元素尽量不被察觉。庭园一旦建成，便会在精心呵护下以最接近自然的方式自由发展。好的作庭师会仔细倾听石头的"心意"来决定其放置的位置；建筑工匠们在破土动工之前会通过专门的仪式向这块土地虔诚祈祷，以此来求得在其上进行建筑的许可。这种仪式与其他地方举行的破土动工仪式完全不同。过去日本庭园设计者所追求的不是掌控自然，而是与自然共存，因为他们深知自然万古永存，而人却只有倏忽一世。

日本庭园和周边建筑物是互为补充的。寝殿外围有一条檐廊（engawa），介于寝殿和庭园之间。檐廊视野开阔，游客可以在此处观赏寝殿内外的风景。作为庭园景观的一部分，檐廊在四季变换中总会以其特有的姿态融入庭园景观中。夏天，将遮雨帘卷起，再把推拉门拉开，檐廊就成为可以坐下来欣赏庭园景观的舒适之地。将推拉门推开的时候，室内外之间的屏障也就消失了。成巽阁（Seison-kaku，参见第177页）就是这样的，那里的庭园直通茶亭，彼此之间毫无阻隔，一览无余。在水毛生家宅院（Mimou House，参见第75页），每到夏季来临时，挂在宽阔屋檐上的雪帘便会被去除，庭园、檐廊和寝殿则融为一体，悦耳的鸟鸣回响在每一个角落。

如何把永恒倒入小小的茶杯之中？如何在武士住宅和禅宗寺院里，用狭窄的方寸之地呈现出森林和幽谷的自然之美？对于自古以来就拥挤不堪的日本来说，这似乎是其最需要解决的现实问题。而解决的方法多种多样，不一而足，这也恰恰体现出了日本庭园设计的慧心巧思、鬼斧神工。日本国土面积小，其中又有四分之三是山地，因此，自古以来人们都居住另外四分之一的国土上，那里相对来说更利于耕作和居住，人口也相对密集。这种紧密的居住环境和生活方式对日本社会、艺术、建筑和庭园设计影响深远。为了把自然之美带到人口稠密的城市之中，日本作庭师们对大自然进行了细致的研究和模仿。这种研究并非传统意义上的分析研究，而是一次需要投入大量情感的体验之旅，无论是一棵古树、一块石头或是一片竹篱，都要深悟其中，探究其精髓。

抛开上面所说的一切，我们希望这本书的读者在走进下一个庭园时能够清空大脑，心无杂念。我们要做的是在当时当下去欣赏庭园景观，而不要被其他杂乱的想法左右心智，不要总去想它的过去和将来是什么样子的，也不必去探究原因。用道根（Dogen，1200-1253年）的话说，"有些人被一花一草、一山一水所吸引，而最终遁入佛道。"

在客人到来之前，用水来清洗露地、石园和灌木，是传统的欢迎仪式。有些石头被水打湿后会变色，因此常被选作建造庭园的材料。

# 寺院庭园

　　精雕细琢的覆瓦壁檐同松枝相依，如此景致便是日本之美的象征之一。尽管房地产的兴建与重建仍然狂热，此般景致却未曾衰减。大大小小的佛教寺庙与神道教神社如今仍遍布日本各地，而对大自然的崇敬也深深铭刻于国家的宗教传统之中。

　　时至今日，寺院庭园的构造仍为世俗庭园奉为圭臬，诸多日本庭园的重要概念都源自这些寺院，并趋于完善，龙安寺枯山水庭园的设计可谓匠心独具；真珠庵（Shinju-an）对石组的运用开创了庭园设计的新潮流；高桐院（Koto-in）中对石灯笼的运用也是别具一格。尽管许多庭园早已不复当年的规模，但它们的存在却向人们证明：现代化潮流与古老传统在日本依然可以共存。

# 东京（Tokyo）
# 池上本门寺
# （Ikegami Honmon-ji）

　　作为镰仓时代最具影响力、也最受争议的佛僧之一，日莲和尚（Nichiren）开创了日莲宗。在他的影响下，研究《法华经》（Lotus Sutra）的诸学派也纷纷兴起，今天仍活跃于学术界。1282年10月13日，日莲在其弟子池上宗仲（Munenaka Ikegami）家中去世。池上宗仲富甲一方，为了纪念自己的师傅，他向日莲宗捐赠了位于东京西处的一片土地，这片土地有约二十三万平方米，这个数字正好与《法华经》文字字数相同。如今，池上本门寺和日莲教派的中心就坐落于此地。

　　本门寺建筑群包含正门、主寺、一座五层宝塔以及一座佛经房。主寺后面便是名为正洞院（Syoto-in）的庭园，据说出自小堀远州之手。作为江户时代极具实力的大名，小堀远州不仅是一位杰出的茶道家，而且在建筑、书法和园艺方面也才华横溢，其多才多艺常被认为可与达·芬奇（Leonardo da Vinci）媲美。他在茶道方面的审美标准被称为"闲寂"（kirei sabi），与平安时代贵族的优雅遗风相融合，展现出了"侘寂"（wabi sabi）恬淡质朴之道。

石头分布于这座庭园各处，它们大小不一、形状多样，但可能以最天然的形态呈现出来。外形参差嶙峋的大石头置于池塘之顶，而相对柔和圆润的石头则被安置于庭园水处水畔。

江户末期，本门寺成为新的政府中心地，正洞院也因而见证了重大历史事件的发生：在庭园的一座凉亭之中，江户军的胜海舟（Kaisyu Katsu）将江户城移交给了明治天皇的西乡隆盛（Takamori Saigo）将军。此外，庭园中还有一处历史遗迹，那就是明治时代著名画家桥本雅邦（Gahou Hashimoto）的埋笔之处，也被称为"笔冢"（fude-zuka）。

如今的正洞院是1991年重修之后的样子，然而其最初设计之精髓却未曾消逝。在这座约一万三千平方米的庭园之中，有一条人造的山溪和一汪池水。池塘静谧，各类鱼鸟于此生息，翠绿山丛与池景相衬。游客们不仅可以漫步其中，也可在主寺室内向外眺望，园内胜景便一览无余。正洞院中著名的景观洲滨（suhama），再现了白色卵石自水岸延伸至水中的自然景观，是日本庭园的典型景观之一。除此之外，园中还有石灯笼、由单块巨石构成的观鱼台、代表长寿的龟鹤岛，以及立于河口之上的一座半圆拱桥。

**上图：** 正洞院中有诸多漂亮石灯笼这样的装饰性元素，摆放的位置颇为讲究。

**左页图：** 站在屋宇之上便可欣赏到庭园的全景。人工开凿的山溪流入园中心池。而营造中的溪流再现了水畔乱石滩时自然风光，园中巨石皆来自用山中河流。左侧也眼前的石灯笼名为雪见石灯笼（yukimi doro），通常放置于水边，在庭园中用繁常于一池塘。

庭园中还设有四座大小各异的茶室，以及一座凉亭。正洞院最初建成的亭台楼阁，均在第二次世界大战的战火中化为乌有。战后，明治至昭和时代的瓷艺家小野（Dona Ono）举家搬到了此处，庭园中其他建筑也开始重新修葺。如今的庭园以及其中的楼阁可容纳一千人在此开办茶会。

池塘后的山溪与深谷饱含原始的自然气息，它们与前方精雕细琢的庭园风格迥异。这处山地景观中乱石嶙峋，散乱生长的花丛如山间野花般生机勃勃，引人入胜。典型的日式庭园力求将自然景观以微缩的方式加以呈现，而正洞院完美地做到了这一点。纵使在喧闹的东京市中心，人们一旦走进正洞院，便似步入了群山的怀抱。

**左下图：** 这个凉亭名力招月亭（Shogetsutei），它位于庭园西侧，经常用来举行茶会。按照传统，参加茶会的宾客通常会坐在榻榻米上，但在这里则是在椅子上就座。

**下图：** 在日本庭园中，竹子颇受欢迎，亦极为常见。大多数的竹子一天就可以长高一节，因而新生的竹笋象征着生机与活力。

**右页图：** 这座石灯笼集多种风格特色于一身。顶端涡形石刻属于春日（kasuga）风格。无须基石，直接立于地面，这一点与织部（Oribe）灯笼相吻合。此外，顶端形如珠宝的球形雕刻则是佛教僧人开悟的象征。

**上图：**这座石狸雕塑并不寻常，多数庭园都采用陶瓷来制作类似的装饰，而这座却是石质的。

**左图：**这座庭园中共有二十七座石灯笼，而其中最古老的可追溯至江户时代。

**右页图：**沿池的小径设计精妙，漫步其上，移步易景，让人们在每个拐角处都能欣赏到不同的景观，而且还给人以开阔之感。这里种有许多凤头鸢尾花（syaga），在初夏时节盛开实为观光的好去处。

# 京都（Kyoto）
# 法然院（Honen-in）

法然院静卧于京都东部的群山之中，与银阁寺（Silver Pavilion）相距不远。若想在京都与静谧而朴素的覆苔庭园来场邂逅，那它绝对是个好去处。当年，日本佛教元老法然（Honen）与两位信徒在此主持了南无阿弥陀佛诵经冥想，冥想持续了整整一天，而法然院的历史也就自此开始。不久，法然遭到流放，他主持的寺院也纷纷停办，直至1680年，法然的学生，也是知恩院（Honen）的住持成立了这所寺庙。这里一度成为净土宗下属的寺院，于1953年脱离了净土宗。众多日本知名学者葬于此院，如小说家谷崎润一郎（Junichiro Tanizaki）、历史学家内藤湖南（Konan Naito）、哲学家九鬼周造（Shuzo Kuki）、经济学家河上肇（Hajime Kawakami）以及画家福田平八郎（Heihachiro Fukuda）。

庭园坐落于比叡山脉（Hiei Mountain Range）中的大文字山（Daimonji Mountain）脚下，游客们置身于此，总会惊叹连连。尽管法然院身处京都的中心，但仍然能见到各种动物的身影，比如各式各样的鸟儿、松鼠、鼯鼠、浣熊甚至是狐狸。墓地位于庭园高处，步入其中，即使是白天也颇有置身幽暗深林之感。

一条长长的石径通往寺院，石径两侧长满了茂密的石柯、荨麻、樟脑以及枫竹。待到秋季，路旁的大树便会张开华盖，为石径撑起绚烂的巨伞，此时的小径最是可爱迷人。小径通向寺院大门，大门耸起略高于路面，门前设有几节台阶。

**右图及下图：**法然院石路和植被的设计，体现了日本人在一座城市寺庙的狭小范围内营造深邃森林和幽暗山谷的高超设计才能和水平。

**右页图：**日本的庭园、建筑、绘画和花艺等都不讲究对称。因此法然院的两个沙堆虽然位置对称，但大小和高度各不相同。

大门门顶长宽比例极为相称，以茅草覆顶，上面葱茏的苔藓让大门显得格外庄重。站在门檐下台阶最高处，眼前那独特的景象令人震撼：只见左右两边各有一座白沙堆聚的矩形沙堆，名为白沙壇（byakusadan），其规格及位置都设计精妙，这也是此庭园最吸引人的地方。在禅院中，这种别出心裁的设计是为了帮助人们驱散心中长久以来积聚的各种杂念，从而使游客跳脱自己的内心，获得暂时的清净。设计者在白沙壇上耙制出涟漪和波浪的形状，或者是汉字中"水"的形态，活灵活现，使得游客步入寺庙圣地之前，也能在心中唤起洗濯身心之水。每隔大约两周，就会由一名年轻的僧人在清晨将水纹重新耙制梳理一番。新图案的模样完全取决于这位僧人的想象，不过图案的模式往往是抽象而固定的。这些沙丘的放置位置不同，大小并不对称，据说在石路远处、小桥另一侧的鲤鱼池也有着不对称的形状，这种设计是为了让它们相互平衡，不过这个微妙的想法不易被游客觉察。桥右边的小型沙堆与桥左边的小型池塘相呼应；桥左边的稍大些的沙堆则与桥右边的大池塘和庭园左右制衡。这两座沙堆大小不一，图案各异，这种设计符合日本设计中避免对称和重复的传统理念。

顺着石径穿过大门，在沙堆旁稍做盘桓后，便来到了锦鲤池，一座小桥横跨池上。池塘最右侧是一条小瀑布，水声清灵悦耳，池周树木笼罩，给人以愉悦的幽暗之感。石径引导游客一直来到寺院本堂的那尊雕像前。本堂建于17世纪，这尊雕像则是阿弥陀佛如来的坐像。

上图及右图：这个石制洗手盆呈莲花形状。在佛教中莲花是圣洁的花，出淤泥而不染。因此莲花代表着在不完美的世界中成就完美的可能。盆中的鲜花是由一名游客摆放的。

左页图：僧侣绘制的沙雕图案极为抽象，但往往会依季节更替而有所变化。

# 京都（Kyoto）
# 高桐院（Koto-in）

高桐院是一座小而精致的寺院，坐落在京都著名禅寺大德寺（Daitoku-ji）之中。大德寺中有好几座类似的建筑，都是在安土桃山时代（Azuchi Momoyama）和江户时代由富商与武士建造而成。高桐院建于1601年，是著名的武士细川忠兴（Tadaoki Hosokawa，1563—1645年）为他死去的父亲所建的安息之处。除了效命于日本历史上最强大的幕府织田信长（Nobunaga Oda）、丰臣秀吉（Hideyoshi Toyotomi）和德川家康（Ieyasu Tokegawa），细川在茶道和其他文化领域也颇有建树，其中也包括庭园设计。

京都有众多令人难忘的景点，而这条通向高桐院的小径便名列其中。游人来到这里最先看到的便是这条由石头铺砌的步道，路面蜿蜒向前，一直延伸至寺院的正门。小径两旁是低矮而朴素的竹篱笆，葱茏的苔藓铺满了两边的地面。厚厚的苔藓如地毯一般，踩上去不会发出任何声响，为周围增添了一份宁静。几束阳光透过枫树细密的树冠洒落于小径之上，从春天的青葱翠绿到秋天的一树火红，这些枫叶随着季节的变化而改变着颜色。割裂开来看，以上景致皆平凡无奇，但它们于高桐院汇聚融合，便能给人以非凡而迷人的体验。

　　高桐院中部分庭园被设计成茶庭，供人们在其中品茗赏景，而南侧庭园的设计则有所不同，那里更适合坐在主客厅中来欣赏园中景致。自这间书院风格的房间向外望，便可见朴素的庭园前景中一盏石灯笼孤立于苔坪之中。而远处的枫树和竹林的完美结合构成了庭园的背景，使得这座不大的庭园看上去别有一番韵味。

　　高桐寺的茶庭里有两座著名的茶室，其中一座名为胜光间（Shoko-Ken），出自细川之手；另一座名为蓬莱（Horai），建于大正时代。这个部分的庭园荟萃了露地、蹲踞（tsukubai）洗手盆等茶庭的典型元素。

　　据说最著名的洗手盆是由朝鲜帝国城堡的基石制成，在日朝战争期间由日本武士加藤清正（Kiyomasa Kato）带到日本，献给了细川。该洗手盆位于数级台阶下，人们在进入茶室前会用它净手、净心，从而能更深刻地体悟到避世幽居之境。

上图及左页左图：这种外露的竹筒也是日本建筑美学的典型代表。竹筒与立柱的连接处并未加以隐藏，反而刻意凸显出来，自成一种设计元素。竹子自顶文精髓也在这些细节中得以体现。

左图：这间书院式房间曾经属于茶道大师千利休，后来被捐出乡为高桐院。这间屋子的滑动拉门（fusuma）和纸屏风可以打开，庭园景致便可一览无余。

一座春日式石灯笼孤立于庭园中央，特别显眼。这个灯笼有六个面，顶端刻有涡形花纹。它没有底座，直接立于地面。枫树和竹林完美结合构成了庭园的背景，使得这座不大的庭园看上去别有一番韵味。这座庭园的布置自江户早期至今，几乎未曾有过改动。

**上图及右上图：** 圆拱形窗与典雅的扶手是禅宗风格建筑的典型元素。

**左页图：** 庭园及其建筑的设计使此呼应，完美融合。屋外檐廊的地板与室内地板高度相同，让室内外自然连通，屋檐与庭园牌为一体。

　　高桐院庭园的一部分被石墙隔开，那里是细川忠兴和他的妻子加拉夏（Gratia）的安息之处。虽然江户时代禁止信仰基督教，但加拉夏仍然是一名虔诚的天主教徒，坚守着自己的信仰。细川忠兴的墓碑是一盏石灯笼，这是他生前的最爱。据说，这盏古老的灯笼曾是镰仓时代著名的茶艺大师千利休的珍爱之物。它不仅备受细川忠兴的喜爱，甚至连当时的幕府将军羽柴秀吉（Hideyosh Toyotomi）也对其垂涎良久。千利休因将自己的木质肖像置于丰臣秀吉时常经过的大德寺大门之上而招致了杀身之祸。当丰臣秀吉命令千利休切腹自尽时，千利休把这盏石灯笼送给了他的学生细川忠兴，以此作为告别之礼以及对丰臣秀吉最后的反抗。自镰仓时代以来，梦窗疏石开始将墓碑用作庭园装饰品，摒弃了神道教认为死亡不洁的迷信。自此，庭园中用墓碑当作装饰物或者用庭园装饰物当作墓碑的做法开始流行开来。

# 京都（Kyoto）
# 诗仙堂（Shisen-do）

　　在京都西北部，东山的丘陵和山谷从室町时代起便孕育了优雅的文化，并以此而闻名。位于银阁寺不远处的诗仙堂优雅而精致，是这种文化的典型代表。

　　尚节俭，励勤勉。
　　睡前要熄火，
　　门窗须锁牢。
　　清晨醒来早，
　　屋舍常打扫。

　　上面这些话语睿智而简洁，如禅语般发人深省，是石川丈山（Jozan Ishikawa，1583－1672年）的手笔。石川是诗仙院庭园的建造者。他曾是德川幕府的侍从，在大阪被围困后，由于与幕府意见分歧，被剥夺了武士身份。随后，他回到京都学习中国经典著作、茶艺、园林设计以及诗歌。在他五十五岁定居京都之前，他为了照顾老母亲在广岛待了十四年。一到京都，他就创办了诗仙堂，还在东本愿寺（Higashi Hongan-ji）的涉成堂（Shosei-do）中建成了另一座庭园。石川丈山此后便以学者身份居住在诗仙堂，直到他以九十岁高龄去世。

**右页图及第46-47页图：** 诗仙堂的主厅向庭园中探出，两侧可以完全打开与庭园直接相通。榻榻米铺垫的木地板是室外檐廊的一部分。檐廊也是一个过渡空间，连接室内与庭园，可随季节变化打开或关闭。

**右页图：** 诗仙堂庭园的每一部分都有其独特的前景、中景和背景。前景是精心耙制的白川（shirakawa）砂坪，中景是杜鹃花灌木丛，背景则是山坡上茂密的树木。

**下图：** 白川砂坪银白闪亮，远处深林墨绿森然，两种色彩彼此映衬，相得益彰。

诗仙堂建于1641年，包括一座庭园和寺院宅邸。诗仙堂体现了石川极度特立独行的性格，它的设计比当时盛行的园林潮流更具特色，别具一格。如今诗仙寺成为曹洞宗的一座庙宇，诗仙堂也被设计成一座私人宅邸。"诗仙堂"意为"伟大诗人之家"，最初只指主门厅"诗仙之间"（shisen-no-ma）。那里陈列着三十六位著名中国诗人的肖像，由狩野探幽（Kano Tanyu）所作，狩野探幽是当时非常伟大的画家。那时，诗仙堂建筑群也被称为"凹凸窠"（Ototsuka），意指坐落于崎岖地形之上的房屋。

该建筑群位于陡峭的山丘上，游人需要从一个很不显眼的小门进入，稍不留意便会错过。通往门口的石径两侧铺着一层厚厚的绿苔，还未踏入园内，便已经感受到了那精致的美。庭园在设计时会遵循藏景的原则，游客不会从一个位

**上图：**入口通道狭窄幽静，如此设计可使游客在到达庭园时更有宽敞开阔之感。

**右图：**在日本庭园中，如要礼貌地表示"请勿进入"，就会摆放右图这种木制可移动的栅门。或将一些园石用一根绳子系在一起，置于地上，这样的石头又叫关守石（sekimori-ishi）。

置看遍所有的景观，因此，石径也很快便有了分岔口。主路伸向左边，穿过白沙与踏脚石，路畔绿竹丛生。这条路一直向前延伸至寺中宅邸。右边的狭窄小路通向庭园，路旁石墙耸立，沿着几级台阶走下来，再向左拐，曲折迂回间，庭园中层景观便突然闯入眼帘。自狭窄的道路走向开阔的空间，这个过程体现了日本建筑和园林设计中对空间感知的深刻理解，这种理解不仅极具代表性，而且体现了创造者背后的深思熟虑。

庭园自顶层的别墅向下延伸了三层。在每个层次上，都有其独特的前景、中景以及背景。在最底层，它的背景由竹子构成，紫藤组成了它的中景，前景则是一座小池塘，有日本锦鲤（koi）游弋其中。在上面两层，有用白川沙耙制出的枯山水景观，其外围环绕着精裁细剪成球状的日本杜鹃花（Satsuki）灌木丛，各种树木则充当了背景，其中有枫树以及繁茂的山茶树等，有些树木据说已有四百多年的历史。庭园中墨绿的树丛与白川沙对比鲜明，形成了巨大的色彩反差。

禅宗精神于宁静中带有一丝玩世不恭，对于一切过于严肃的事物都避而远之。前面引用的石川丈山的话，以及这个庭园的整体氛围，再加上其中的某些特定设施，都一一印证了这一点。其中最著名的设施——鹿威（shishiodoshi）更是这一禅宗精神的集中体现。据说这个装置被古时候的农民

**上图：** 经过精心耙制打理的白川沙中，有一座苔藓绿植搭的小岛，绿荫繁茂中是修剪成球状的灌木群落。

**左上图：** 庭园的石径村矮司石墙间特子和缘乡于底的弯种诸景叠落。

用来驱赶野猪和野鹿。水从高处的竹筒流出注入低处的另一截竹子中。当低处的竹子因水的重量而倾斜时，里面的水也从中倾泻而出，竹子回弹敲击石头便发出了清脆之声。对于石川来说，在寂静的庭园中聆听鹿威回声，必定是一种享受。

沿着此处狭窄的台阶向前，会看到一处小型瀑布石景，它由数块岩石巧妙堆叠而成。这条路看似一直延伸到了寺庙中间的入口。实际上，真正的入口并不在那里，而是在前面稍远处，小路会一直引领着人们走到那里去。

日本庭园设计的独特之处就在于室内和室外的融合相通与巧妙接续，这座庙宇庭园正是这种设计风格的典型范例。寺中主要的几间禅室都可以与庭园直接相通，只需要将周围的滑动隔墙打开即可。

寺中宅邸的顶部有一座小巧迷人的"月光诗塔"，它自屋檐上探出，以茅草覆顶，是人们赏月作诗的绝佳之所。这座"诗塔"以及诗仙堂庭园中的诸多特色景观，都让游客的灵魂和感官收获无尽欢愉，深感不虚此行。

**下图：** 鹿威即驱赶鸟兽的装置，是由两节竹子制成的，它为庭园营造了轻松自在的氛围。当水自下面的竹筒中泻出，竹筒反击于岩石上时，会发出清脆的声响，既可计时，又给人们带来了感官的愉悦。

**右下图：** 庭园景观分为高中低三层，图中石阶连通着低处的庭园和高处的屋舍，台阶中嵌入的蓝色石块别有一番意趣。

**右页图：** 杜鹃花簇从夏初便开始绽放，向花丛顶部看去，月光诗塔便映入眼帘。

## 京都（Kyoto）
# 龙安寺（Ryoan-ji）

不朽的作庭师，

有着鬼斧神工般的技艺。

用漠漠砂坪打造庭园，

又将无垠瀚海绘于砂坪之上。

他们由海水中制出智慧之盐，

细细研磨，慢慢品味，

再将奇思妙想之结晶，

溶解渗透于庭园之中。

——约翰·M.斯特德曼（John M.Steadman）

　　日本龙安寺的枯山水庭园于1994年被联合国教科文组织认定为世界文化遗产，至今仍是日本著名的极简美学典范之一。无论欣赏多少次，那种极简之美仍然让人惊艳不已。这种冥想庭园建造的初衷，就是为了能让人们坐在寺院檐廊之上自在冥想。这种庭园多由禅宗僧人为参悟修行而设计建造，可远观，可冥想，而非为了踏足其中。如此设计同黑白水墨画或禅理一样，可使头脑远离世俗，从而使意识得以升华。

在拍摄这张照片的数周之前，枯山水庭园围墙上的粘土造型被修葺了一番，因此颜色鲜亮。随着时间流逝，它终将慢慢褪色，这反而更能发之美。

右图是龙安寺的枯山水景观，几块岩石被巧妙地安置于绿苔之上，与周围精心耙制的砂坪相互映衬，形成视觉反差。

**日本庭园：简约 宁静 和谐**

龙安寺，意为"龙与和平的寺庙"，它隶属于临济宗教派。龙安寺所在之处原是一座建于10世纪的寺庙——圆融寺（Enyu-ji），是当时一位退位的皇帝为自己建造的。1450年，这片土地归于武将细川胜元（Katsumoto Hosokawa）名下。应仁之乱（Onin War）期间，最初的龙安寺以及京都数千座寺庙和房屋皆毁于战乱。直到1499年，龙安寺才得以重建。寺中的枯山水庭园大概就是在那个时候增建的。1797年，龙安寺因火灾再次被毁。现在寺中的这座庙宇是后来整体迁至此地的，因为日本古代建筑使用传统木制榫卯结构，所以像这样迁移整座建筑是可行的。当时，为了给寺里的中式大门——唐门（karamon）腾出足够的空间，只能将庭园东侧缩短一些。

龙安寺的最初设计者是谁，他真正的设计意图又是什么，我们至今仍然不得而知。根据目前的主流说法，龙安寺应出自著名艺术家相阿弥（Soami）之手。16世纪时，相阿弥是将军足利义政（Shogun Yoshimasa Ashikaga）的近侍。最初的庭园形式和建筑意图可能与我们今天所看到的完全不同，因为从早期的建筑痕迹来看，庭园里曾种有许多松树，而今却不见踪影。庭园宽仅十米，长二十五米，然而就在这个狭小的空间之中，"永恒"这一概念却得到了最充分的诠释和表达。庭园最右端的墙自近向远高度依次递减，总共降低了半米，从而使整个庭园看起来更加开阔。设计者凭借对空间维度的理解和操控，达到了视觉深度延伸的完美效果。在日本一些古老的寺庙建筑中亦可见到这种建筑手法，尤其以法隆寺（Horyu-ji）的柱群最为典型，庭园地面也整体向右边角落倾斜，以便于排水。

这里的枯山水景观由十五块形状不规则的巨石组成。这些石块分为五组，石组之间形成了完美的平衡布局。周围是耙制出纹理的白色卵石，石组则恰到好处地排布于开阔的白色砂坪之中。在佛教传到日本前，白砾石被用来标记圣地，这一传统可能是日本禅宗寺庙中枯山水庭园得以发展的原因。有些旅游指南上说这座石庭表达的是一只母狮和幼崽渡河的情景，但这一解释与这个石庭的建造初衷并不相符。禅宗对干扰纯粹

**左 图：** 龙安寺的竹篱历来为日本各地所参考模仿，被称为龙安寺篱（Ryoan-ji gaki）

**右页图：** 在这张照片拍摄之前，连接庭园墙壁的大门（这张照片拍摄于庭园外侧）刚刚整修过，极为壮观。门槛是由一片片削割（非砍切）而成的雪松树皮铺就的。

**左下图：** 游客可在龙安寺的静谧氛围中欣赏细节处呈现出的简约之美，例如这道竹篱。

意识的意象和元素持坚决的抵制态度，禅宗有"若见佛陀，杀他便可"这一说法，看似极端，但清楚地说明了这一点。无论从任何角度观察这十五块岩石，都只能同时看到十四块，这个设计通常被解释为是一种象征，即需要借助精神上的启迪和顿悟才能觉察到肉眼不可见之物。

枯山水庭园的景观也会随着季节的更迭而变化，这一点似乎让人难以想象，但来到龙安寺便会明白此言不虚，因为龙安寺将庭园外围的树木也囊括在了整体设计之中。夏天，杉树和松树绿意盎然；春天，园中樱花盛开，令人心情愉悦；冬天，树木披上厚厚的白雪，给庭园增添了别样的景致。这种将远山等自然风景融入庭园景观的技巧，被称为借景（shakkei），是日本庭园设计中一个常见的概念。庭园的墙壁则会将多余的外景隔离在外。此外，住持或方丈的居室、檐廊以及庭园之间的空间相互接续、彼此相通，也是日本庭园设计中的独特之处。

**左图：** 这座洗手盆位于藏六庵（Zorokuan）茶亭附近，是矮式水盆的典型代表，使用时必须俯身蹲下，因此也被称为蹲踞式水盆。通过下蹲、鞠躬、净手以及净口等一系列程序，人们可以在进入茶亭前使内心谦畏而宁静。石盆的铭文是四个日本汉字（kanji），每个汉字都将水盆中间的方形作为它的一部分。从顶部开始读意为"吾唯知足"，指人应当克制欲望。

**右页图：** 竹筒中的水流入一座朴素的花岗岩盆中，如此设计符合龙安寺的朴素美学。

走过枯山水石庭，转弯便来到一座苔庭，这里苔藓葱茏，与之前的石庭景观截然不同。圆润的踏脚石在厚厚的苔藓中若隐若现，让人们顿觉耳目一新。枯山水石庭与绿植庭园的组合设计自室町时代以来就在日本流行开来。

而寺院后方的庭园与之前两个庭园风格完全不同，园中栽种着枫树、日本橡树和松树，树影婆娑，枝繁叶茂。前景处有一个石制洗手盆，也叫蹲踞式水盆，是依照茶亭旁的洗手盆设计的。水流入盆中的声音，以及自背景传来的溪流声交相呼应，给游客以独特的听觉体验。

龙安寺中有一座名为藏六庵的小茶亭，其历史可以追溯到桃山时代，但在1929年火灾后得以翻新。它的名字翻译成中文是"藏着六的地方"，指的是乌龟的四肢和头尾。乌龟也是北方守护神玄武（Gembu）的象征。庭中的山茶花

据说是茶道爱好者丰臣秀吉将军赠予这座茶园的。

这座方丈室外的景致也相当漂亮，即使没有枯山水石庭，单凭这里的景致也足以让游客有不虚此行之感。这里有一座小池，名叫"镜容池"（Kyokyochi），因为曾有鸳鸯栖息于此，因此俗称"鸳鸯池"Oshidori ike）。鸳鸯这种动物除了外表美丽，它们对伴侣也极度忠诚，被人们看作爱情的象征。在那个年代的庭园设计中，常会在池塘中央立两座小岛，这一处池塘也不例外。较大的岛上有一座祭祀弁才天女（Benten）的神社。作为三位印度教神灵之一的弁天天女，也是日本民间佛教传统中七位幸运神中的一位。

# 京都（Kyoto）
# 真珠庵（Shinju-an）

　　真珠庵是大德寺的一座子庙。大德寺坐落于京都北部，是一座著名的临济宗寺庙。大德寺最初建于1315年，而后多次因火灾而焚毁，最后由著名的游僧一休宗纯（Ikku Sojun，1394—1481年）重建。在当地大名以及酒井（Sakai）地区富商的赞助下，大德寺增建了诸多子庙，也因此愈发出名。1582年，丰臣秀吉将军在此为织田信长举行了葬礼，大德寺也因此声名大噪，江户时代又新增建了多座子庙。

　　永享时代，大德寺的住持一休建造了真珠庵。该庵在应仁之乱中被烧毁，并于1491年重建。至于方丈室主厅和书院间的建成可追溯到1638年或之后。这里不仅藏有曾我蛇足（Dasoku Soga）、长谷川等伯（Tohaku Hasegawa）所绘的几幅著名的屏风画，住在此处的住持一休也留下了几幅速写。侘寂风格茶道的创始人村田珠光（Shuko Murata），以及能剧的创建者观阿弥清次（Kanami）与世阿弥元清（Seami）都安葬于此，由此可见真珠庵影响力之大。

**上图：** 走入真珠庵的第一道门，一棵结构优美的松树映入眼帘，穿过大多门便通观连处建筑格局之优美。

**左页图：** 穿过一道正面结构的第一道门，右侧的结构太绿与由此进到第一部分。此条路可通往方丈室的庭院相连（照片中不可见）。草木路之间用较小独特的大理，另一方面此处让人用简单平和的氛围受到了轻松的感染，让行者仰望庭院便留下了印象。

在日本历史上，一休以其对政府和其他佛教教派的乖张
行为和不敬态度而闻名，也因他是天皇未被承认的儿子而广
为人知。他身上不仅体现出了真正的禅宗精神，而且他还是
一位才华横溢的诗人与艺术家。那时的茶会往往在华而不实
的书院式房间举办，里面摆满了中国瓷器与画作。一休决
心揭露这种时兴茶会的肤浅之风。他曾令他的弟子村田珠光
（1423—1502年）依据禅宗精神开创一种新的茶道传统。珠
光的成果促成了茶道侘寂风格的兴起，以及崇尚谦卑朴素和
不刻意追求完美的态度，这些都是茶道美学的体现。之后的
茶道大师，如武野绍鸥（Johou Takeno）、千利休等进一步
发展了这种茶道理念。据说，一休还送给珠光一份中国书法
卷轴作为临别赠礼，希望珠光可以不负所托。从那以后，珠
光开始在茶道仪式上悬挂这幅中国书法作品和另外一幅一休
绘制的画作，这也开创了在茶室中悬挂书法卷轴的潮流。

真珠庵东庭是庵里不显眼却最为古老的地方，但由于它
出自珠光之手，因此重要性不言而喻。它位于低矮的树篱和
方丈厅檐廊之间，只有大约三米宽，十七米长，但其对侘寂
之美的表达与侘寂氛围的营造却达到了极致，效仿者众多。
后来的银阁寺和龙安寺庭园在设计建造时也很有可能受到了
这种庭园风格的影响。按照惯例，茶庭由外庭和内庭组成。
建造东庭时，整个东山（Higashiyama Mountains）都被用
作借景，成为庭园景观的构成部分之一，而如今借景只剩下
墙外的那片绿树林了。

外庭以青苔中的"七-五-三"石组为主要景观。古代
中国人认为奇数代表着吉祥如意，因此这里的石组数量便
都是奇数。此外，奇数石组可表现出较高的平衡感，这也
是日本园林中石组遵循"七-五-三"奇数排列的原因所在。

**右页图及下图：** 通仙院是一间书院风格（shoin）的正间，从房间内便可以看到庭玉轩的外庭。图中的踏脚石通向这座茶亭。茶庭通常包括外庭和内庭，但图中远处的那个小前厅设计风格却极不寻常，里面竟然还有一座室内庭园。室内有踏脚石和洗手盆，而这两者通常来讲都是放置在室外的。

"七-五-三"同时也与传统仪式"七-五-三"相吻合，在日本女孩三岁、七岁，男孩五岁时便会举行这样的仪式，祈愿孩子们长寿幸福。

　　七五三（shichi-go-san）庭连通一座小门，进门后便来到茶庭的内庭——通仙院（Tsusen-in），以及由另一位著名茶道大师金森宗和（Sowa Kanamori）所建造的茶室——庭玉轩（Teigyoku-ken）。茶室与茶庭之间由一个置于前厅内的蹲踞洗手盆巧妙相连，客人们在进入茶室之前，会在此净化手、口。这里用室内踏脚石铺成了一条特殊的露地，这样做的原因尚不清楚，兴许是因为金森宗和来自白雪覆盖的飞驒高山（Hida Takayama）地区，因而想设计一种适合那里的茶园风格。

在真珠庵内还有一座小型内庭，称为中庭，它位于方丈室与库里（kuri，住持家属居住处）之间。从连接方丈室和书院间的走廊上，便可领略这座中庭的景观。

禅宗庭园总能在意想不到之处给人以别样的惊喜。真珠庵的入口处便极好地说明了这一点。沿着一条小路，经过大仙院，来到一面素净的墙前便拐了弯，真珠庵的入口也就近在眼前。入口左侧是一个小庭，庭中耙制的砂坪中立着一棵造型别致的古松。

大德寺占地约二十二万五千平方米，共有二十多座子庙。这些子庙中有许多都如真珠庵一般，既有小庭又有茶亭，美丽却不张扬。不过公众只有经特别许可才能进入真珠庵。

**上图：** 一扇露地门将东庭与庭玉轩的外庭分隔开来。穿过这扇门，就意味着进入了茶的世界，宁静而平和，心情也会随之改变。通往庭玉轩的石径近乎笔直，它最终通向庭玉轩前厅墙内的那条露地小径。

**右图：** 从方丈室可以看到另一座内庭的景致。

**右页图：** 内庭的砂坪上有一口井、一棵松树、一盏石灯笼，还有三个被绿苔覆盖的石岛，设计别具一格，布局新奇而巧妙。

71

# 私人庭园

　　在这个人口稠密、土地有限的国家中，房地产价格居高不下，这使拥有私人庭园成为一种极大的荣耀，不论庭园大小如何。本书这一节所介绍的庭园，皆是由祖先代代传承到现在的主人手中，每一座庭园都代表着主人们对守护家族遗产的决心和传承庭园传统的不懈努力。

　　有许多私人庭园的主人都愿意分享庭园所承载的与家族成员有关的点滴回忆，比如水毛生家宅院（Mimou House）与位于岐阜（Gifu）的醋屋（Suya）。从古至今，茶文化在日本长盛不衰，因此许多私人庭园都是茶庭。茶庭中的一切都有着丰富的象征意义，无论是石径、大门，还是洗手盆、树木，抑或是平凡无奇的小草，无一不蕴含着丰富的寓意。

**左页图：** 前景中那座高武刷器冼手盆属于武士风格，不需弯下就可使用。

**上图：** 在壮观的大门入口处便可看到郁郁葱葱的苔藓，以及伊吕波枫树（Iroha Momiji，日文枫树）上的茎靡赵产。

## 野野（Nono）
# 水毛生家宅院
## （Mimou House）

　　水毛生家宅院及其庭园位于金泽附近的野野市。野野市是一座富裕的城镇，自江户时代以来就以其精致的艺术制品而闻名。金泽城于1583年建立，在这之前的五百年左右，野野市便已经是富樫（Togashi）家族的城堡驻地。水毛生家宅院由极具影响力的水毛生家族于1870年建造，此后一直拥有这座房产。这个家族的起源可以追溯到1587年前后，那时他们是富樫家族的首席侍从。水毛生家族的先辈之中有一位村长、几个地主，也有教师和其他一些文化名人。这座

顶图：储物间的波纹墙（namako）为水毛生家庭园营造了一个完美的借景。

上图：秋天，伊吕波红叶新变为明亮的橙色和红色。这棵树也是日本庭园与艺术中典型秋景的代表。

右页图：为了应对加贺（kaga）地区的大雪，小树上方已撑好了用竹子和绳子制成的雪伞。背景中有几棵上了年岁的雪松，树身布满苔藓，树干相得惊人，从室内望向庭园时，便可欣赏到这些古树景观。这些老树早已寿尽，它们的顶部已在距离地面约七米处被砍去，但它们的树干造型美观因而得以保留下来，算是这座庭园近三百年历史的见证。

房子如今由这个家族的第十八代传人美智子（Michiko）夫人拥有。美智子是一位八十多岁的杰出女性，她是一名茶道老师，屋中的每件物事都体现了她精致优雅而又趣意盎然的美学态度。她儿子一家和她住在一起，她的儿媳也在协助她的工作。宅邸的入口是一扇覆瓦斜顶木质门，壮丽的外墙自两侧延伸。从金泽通往江户和京都的老街上，几乎所有的住宅都修筑了这样的外墙。步入门中，只见庭园里树木枝叶繁茂、绿意盎然，苔藓碧绿青翠、绵密如织。沿着此处的踏脚石便可走到茶庭，这里是举办茶道和接待访客的地方。

这所宅邸的庭园低调而不失优雅，地面起伏不平，有一条干涸的小溪和一个池塘。在庭园的另一端，曾有一座长有高大雪松的小山，后来因要在此处建物间而被夷为平地。庭园中还有数棵树干直径超过一米的老树。有一棵老树的树桩上长出了新枝，美智子微笑着谈起了它的历史。据说在1616年，加贺领地的第三位领主前田利常（Toshitune Maeda）去猎鹰的路上曾在这座房子中休息，他的马就拴在这棵树上。美智子说，如果这些树会说话，它们将有许多历史故事可讲，但那样的话这庭园就太吵闹了。

这个庭园中生长着近百种不同的苔藓，其中以大灰藓（haigoke）和土马鬃（sugi-goke）为主，美智子的儿媳每天都为苔藓除草，以保持苔藓如毛毯般柔软、平整。

在日本北部，屋舍与庭园之间通常会留有一片布置紧凑的土地，称为土间（doma）。它位于屋檐下，与檐廊平行。土间与檐廊的两侧都设有滑动拉门，以方便室内外空间的连通与隔离。此处的土间只有两米来宽，与庭园地面高度相同，庭园中的各类装饰元素在这里也常可以见到，比如石灯笼和踏石等。因此在寒冬时节，哪怕雨户（amado，护窗板）将冰天雪地中的庭园挡在外面，土间也能保留一些庭园景致，供人们欣赏。

野野　水毛生家宅院　　77

川奈（Kawana）先生担任水毛生女士的造园师已有近十年了。他会在雨季前修剪好常青植株，然后在夏季趁着落叶木的枝芽尚嫩时加以修裁。在他的精心养护下，庭园树木呈现自然"流动"之势。雪季到来之前，他会在一些树上搭好雪伞（yukizuki）来保护枝干。石灯笼则用特殊形状的稻草盖好，以防它们因严寒而被冻裂。这是金泽地区的传统做法，既美观又实用。

庭园的远端有一座名为"土藏"（dozo）的储物间，建成于1869年，它的存在使庭园背景更加别致。储物间外墙低处采用了典型的波纹墙风格：黑色方瓦之间，由石灰、海藻和大麻纤维制成的灰泥（skikku）填充其中。涂有这种混合墙泥的外墙既防水又防火。这种波纹墙因与海参（namako，海参，在建筑中专指波纹墙）相似而得名。

在水毛生家族的产业之中，数这座储物间历史最久远。庭园主屋也是在它建成之后一年重建的。鹿之间（shika-no-ma）茶室更是在大正时代才建成。

庭园与屋舍以这种独特的日本建筑风格完美融合起来，互为补充，相得益彰。无论是庭园还是屋舍，对于美智子来说都是无可挑剔的生活空间。每当美智子带游客参观庭园的时候，她总会以温柔的声音谈起鸟儿们的歌声，聊她记忆中的那几株特别的植物，轻声细语，娓娓道来，时间仿佛也在话语间慢下了脚步。最终，在这美丽的庭园之中，在那精湛茶道经年累月的浸润下，游客们彻底放松下来，身心宁静而平和。

上图：这盏石灯笼和洗手盆都在稻草的包裹下过冬。人们将这座日本杜鹃形状的矮式洗手盆包裹起来，也是为了能在寒冬岁月中留有对春天来临的期待。这棵老檬树上长有苔藓，这种植物因其香味而受人偏爱，实际上它是一种寄生植物。

左页图：清除庭园苔藓中的杂草可不是个轻松活，然而人们却会在庭园中故意留下一些落叶来庆祝秋天来临。图中可见在屋顶雨水滴落的地方已经填入了一排碎桩。

# 广岛（Hiroshima）
# 上田宗箇流和风堂
# （Wafudou of Ueda Soko Ryu）

　　在如今日本众多的茶道学堂中，上田宗箇流的茶道与古代武士传统的关系最为密切。其创始人上田宗箇（Ueda Soko，1563－1650年）是一位年轻的将军，他曾服侍战国大名丹羽长秀（Nagahide Niwa），处事勤勉，以勇猛闻名。后来他成了将军兼茶道爱好者丰臣秀吉的副手。据说上田宗箇直接师从于日本历史上最著名的茶道大师千利休与古田织部（Oribe Furuta）。在大阪夏之阵时流传着这样一段奇闻佳话：上田宗箇在准备抵御敌人进攻时，处乱不惊，镇定自若，竟然就地取材，用旁边的竹子制作了两把精美的茶匙。这种大胆冷静的精神也被上田宗箇流融入了茶道之中。

**左上图：** 在街道一侧的和风堂南门处，主人每天早上都为这里的沙子洒水，然后再进行耙制。这种刚刚淋过水的石头和小径代表着日本房屋或庭园主人对客人的欢迎。

**右页图：** 宽阔的屋檐是日本建筑的特点之一。图中垂帘下的地面覆层由堆积黏土、石灰、沙子和镁混合制成。

1619年，上田和他的君主浅野长晟（Nagaakira Asano）来到广岛后不久，他就离开了这座城市，来到附近一个与世隔绝的山村，过上了精致恬淡的生活。在这之前，上田曾在自己生活过的纪州（Kisyu）建过一间名为"和风堂"（Wafudou）的茶室，来到广岛后，他又在广岛城附近建造了另一座"和风堂"茶室，还建了庭园和武士宅邸。上田因他一生中所设计的诸多庭园而闻名，其中一些甚至存留至今。

　　岁月流逝，上田宗箇流现已传承至第十六代茶道宗师，而在广岛西部，庭园中的和风堂仍美丽如初。然而，保护这一非凡文化宝藏的历程绝非一帆风顺。明治时代，上田的庄园同其他许多武士府邸一起变成了练兵场，和风堂也因此被毁。然而，这座历史悠久的庭园以及上田家所藏的书籍史料却神奇地躲过了一劫，甚至在1945年广岛核爆时也奇迹般地幸存下来。虽然许多曾与上田宗箇流茶道命运相连的人早已逝去，但这个流派的茶道传统却得以世代相传。如今的和风堂也在1978年参考上田宗箇的图例完成了重建。

**上图与左图：** 这座武士风格的高式洗手盆位于远钟茶室（Ensho）前方，且深受上田宗箇的喜爱。这种洗手盆可站立使用，不必使用常见的矮式洗手盆那样必须跪下，对佩剑的武士们来说极为方便。

**左页图：** 这块缠有麻绳的石块叫作关守石，主人可以用它委托礼貌地提醒旅客"前方请止步"。

上田宗箇流庭园按照茶庭的风格特色布置而成，它包含外庭和内庭。内庭通向名为"远钟"的茶室，意为"遥远的钟声"，仿佛能让生活在城市中的人们想起远方幽静的深林。

就像所有的茶庭一样，这座茶庭也是举行茶道仪式的绝佳场所。客人们先被请到外庭的长凳上就座。长凳旁环立着高高的黏土墙。庭中绿植不多，只栽了五棵大树，品种形态各不相同，这种简洁的景观设计有助于客人摒除杂念。当客人做好了进入茶室的准备并从长凳上站起身时，主人就会现身，带领客人穿过竹篱中的小门，前往内庭。内庭不仅视野开阔，各种各样的树木与灌木丛也异常繁茂。踏脚石铺成的小路一直延伸至茶室，小路在中途拐了个弯，客人们也自然而然地在此处停下脚步。作庭师特意这样设计是为了让客人

**上图：** 图右侧是外庭中的长凳，长凳前有两排石头，可供多人行走。这处专座是为同行人中地位最高的人准备的。外庭有点与此相隔，仅有五棵树栽在地点缀其中，而内庭则恰好相反，那里树和灌木都很茂盛，种类繁多。

**左页图：** 踏脚石规格形状各有不同，富于变化，时而整齐划一，时而杂乱无序，走在上面，脚自然抬起，心境也随之变换。

们能透过丫杈的缝隙看见茶庭屋檐下挂着的那块写有茶室名字的牌匾。沿着小路继续前行，便来到了茶室旁的武士式洗手盆前。为了方便佩剑的武士使用，这座洗手盆比蹲踞式洗手盆要高，这样武士们便省去了俯身下蹲的麻烦。洗手盆上所刻的字意为"自诫"。上田宗箇亲手所制的几件茶杯、茶勺也保存在这里，它们与庭园、茶室一起承载着上田宗箇崇尚自由不羁的精神，也彰显着他身为武士的严格自律。

今天，上田宗箇流不仅肩负重修和风堂的重任，同时也致力于这里武士宅邸的重建，以再现其江户时代的风貌。重建之后，庭园中不仅可以举行现代茶道仪式，传统武士风格茶道仪式也可以在这里举行，包括向将军们乃至更加尊贵的客人表达敬意的茶道仪式。这些仪式是日本文化史中不可或缺的构成部分，因此保护这些传统技艺与保护上田宗箇流庭园一样至关重要，意义重大。

**上图：** 透过内庭与外庭之间的门能够看到进入茶室前等候时坐的长凳。右边高高的芦苇窗是茶室设计中的一种流行元素。这里的墙面没有用石灰封住，而是装上了大大的竹格窗框。

**左图：** 这扇小门是从外庭到内庭的唯一入口。之所以留这么高的门槛，其用意与茶室"膝行口"（nijiri-guchi）的设计异曲同工，足以让人们进门时神情专注，毕恭毕敬。

**右页图：** 从内庭通往外庭的露地采用了两种踏脚石铺就而成，一种是四四方方形状规则的，另一种是形状随意，造型天然的。这种风格迥异的组合，让游客的心境也随之变换。

**左图：** 这条小径通向远钟茶室，从此处透过树枝缝隙可看见茶室的牌匾。"远钟"让人们想起密林深处的原始之美。

**右页图：** 远钟茶室入口处设有踏脚石，意在营造一种置身河谷的自然气息。图右侧可见茶室的膝行口。

**下图：** 这个洗手盆位于远钟茶室旁，据说是上田宗箇的心爱之物。它高挺直立、外观大气，上面还刻有文字，是武士美学风格的典型代表。这种洗手盆适合站立使用。

# 大垣（Ogaki）
# 矢桥家宅院（Yabashi House）

赤坂（Akasaka）地区地处日本中部，以出产品质优良的大理石和石灰石而闻名。约一百年前，矢桥家族开始从事石材加工与建造生意，并参与建成了诸多日本国家重点建筑，其中包括东京的国会大厦。目前赤坂大理石采石场正面临石材枯竭的局面，矢桥大理石公司开始从世界各地进口石材以维持生产经营。

矢桥大理石公司总裁矢桥秋太郎（Syutaro Yabashi）的住处由几间屋舍、仓库以及庭园组成。其中年代最久的建筑是无为庵（Mui-an），其意为"返璞归真，尽显自然"，是用来接待客人和举行茶道的地方。这座无为庵于1925年左右建成，大约三十年前被平移至如今所在的位置。庭园里的树木石头都已有些年头，比这里的建筑年代久远得多。

**上图：** 从屋内能看到樋门的秀丽外观。大门的上部结构由石灰泥制成，下部则采用木板结构。

**右图：** 这座竹制阳台让人们在俯瞰园景的同时还能享受品茗之乐。

**右页图：** 庭园、无力庵茶室与会客室，二者之美于和谐中相得益彰。

**上图：** 图中是在庭园中散步时穿的凉鞋，由竹皮制成，与这个庭园的氛围十分贴合。

**右图：** 这块独特的大圆石名为分径石（fumiwake-ishi），位于露地踏脚石旁，人们可以站在上面，从一个特别的角度来观赏庭中美景。

**日本庭园：简约 宁静 和谐**

下图：这棵淡墨樱（Usuzumi-zakura）的花苞比大多数樱花树的花苞颜色更深。照片并未拍到主宅，但它就位于这棵樱花树的右侧。

大垣　矢桥家宅院　　95

矢桥秋太郎的父亲酷爱收集石头，庭园中的许多奇石，如 "鞍马石"（kurama）和 "揖斐川石"（ibi）都是他的藏品。

初春之际，庭中的当家花旦是一株独特的樱花树。踏脚石铺成的小径将游客从入口处引向一块名为 "分径石" 的花岗岩石。这块巨石宽阔而扁平。站在巨石之上，便能将那株樱花树的芬芳烂漫尽收眼底，庭中其他景致也可一览无余。在日本，染井吉野（Somei-Yoshin）樱花最受欢迎，但这里的这棵樱花品种却是淡墨樱。花蕾次第绽放，由粉红转白，而后渐渐染上一层淡淡的灰，最后于无为庵前如雨般飘落，美丽缤纷。附近一处名为根尾（Neo）的村庄里还有另一棵淡墨樱。根尾的淡墨樱有近一千五百岁的树龄，有很多人负责专门养护它。庭中的这棵樱花树前有一个洗手盆，旁边还摆有一张石桌用来放水桶和灯笼。这些设计元素都保留了石头原本的天然形状，给人以质朴优雅之感。

矢桥和他的妻子都是古典音乐爱好者，偶尔会邀请德国的音乐家到家中欣赏古屋与庭园。

**上图：** 庭中里有许多形状各异的石头和珍奇的树木，其中有些已有百余年的历史，为庭园增添了独特的气质和历史的厚重感。

**左图：** 这座洗手盆本身就是一块空心石，石头原本的天然形状被完全保留了下来。洗手盆上有一个长柄竹构（hishaku），下面是用里缠绑在一起的两根短竹，是专门用来放竹构的。

**左页图：** 从无为庵向外看去，此处的园物让人过目难忘。右侧的洗手盆就立于淡淡的屋檐外面。庭中石灯笼的高度也恰到好处，正好可以在夜间照亮洗手盆。

# 东京（Tokyo）
# 濑川家宅院
## （Segawa House）

美丽的濑川家宅院四周高楼环绕。这座庭园和珍贵的建筑遗迹位于东京市中心，庭院主人为守护它付出了无尽的汗水和心血，并一直在为此不懈努力。艺术品可以珍藏在博物馆中，而庭园却必须占用宝贵的地皮。日本大力执行市场经济政策，设置的遗产税极高，许多家庭终究不及濑川庭园的主人那般顽强，不得不放弃自家心爱的庭园。尽管近年来，越来越多的人致力于保护历史建筑，但在过去三十年里，东京有数座源于明治时代的著名建筑都难逃被拆除的命运。虽然濑川屋及其庭园被日本文部省指定为国家文化遗产，但实际上它的维护费用依然高昂，这副重担落在了庭园主人的肩头。庆幸的是，它的主人不仅富有激情，且充满智慧，还有着舍我其谁的奉献精神。他们最近还在濑川屋的一块地皮上盖起一座新建筑，以此获取的收入用来支付古宅及庭园的维护费和税款。

**上　图：** 沓脱石（Kutsunugi-Ishi）略大于一般大小的石头，人们可以坐在上面接上赏园时穿的专用地鞋。沓脱石的高度让人们在坐下换鞋时，膝盖高度略高于石面水平位置。因为红加茂（Benigamo）石遇水变红，便于区分，因此濑川屋庭园使用它作为沓脱石。

**左页图：** 枫树细密的叶片在阳光的照射下愈发优雅清新。枫树也因此成为日本庭园中备受喜爱的树木。庭园里还种着木斛（mokkoku）、女贞（nezumimochi）和窒柃（hisakaki）等树木。

**右图：** 菡庵茶亭（Tai-an）布置巧妙、设计精巧，置身其中便有泛舟于山溪之上的感觉。一个蹲踞式洗手盆立在"溪流"之中，意趣盎然。

**左页图：** 檐廊的地板上铺着布边薄草席（usuberi）榻榻米，这种榻榻米相对较薄，没有普通榻榻米下面那层厚厚的底座。

瀬川庭园及其屋舍始建于1887年，当时的日本正处于摆脱封建制度迈入现代化的明治时代，那时的瀬川屋比如今大得多。这座精致的庭园坐落在繁华的春日（kasuga）街附近。走过一处多层建筑，沿着一旁的小巷就能进入庭园。这座多层建筑所在的位置，原来是这座宅邸的前庭。从临街的一座贴着瓷砖的高层大厦旁就能看到房屋的尖顶拱门，仿佛掠过这座注重实用性的东京现代建筑，便瞥见了一个崇尚建筑优雅之美的时代。据说，这座高层大楼的建造者在挑选外墙瓷砖的颜色时慎之又慎，力求与庭园旧宅的色调相协调。

砾石中间铺了一条石径，从庭园门口通向两处屋宅。中间尖顶的那间是会客室，用来招待贵宾。会客室是按照日本建筑中的雁阵（ganko）风格设计的，其格局就如同大雁列阵飞行的样子，这样从室内不同角度都能欣赏到庭园景观。进入会客室之后，客人会穿过门厅到达一间西式风格的接待室，过去这里常有能剧上演。这间接待室通向一间大大的日式书院风格的房间，里面能放下十二叠半榻榻米，房间两侧都向庭园敞开。庭园布置巧妙，无论从会客室还是主屋，都能欣赏到园中风景。

石径向右通向主屋，共两层楼，大小与会客室差不多。濑川屋最初由古市公威（Koichi Furuichi）于1887年建成，他是明治时代和大正时代杰出的土木工程师和学者。由于明治时代东京大学的许多教授和医生就住在这个地区，所以此处也被称为"医生镇"。当时的民居流行西式建筑风格，房间装饰是西式的，金属器皿上也是西式图案。古市的女婿也是一名医生。1923年因地震毁掉了原有的房子，他便继承了古市的这座房子，并开始在这里居住。他深爱这座房子和

**上图：** 这盏石灯笼位于庭园中央的枫树之下（参见第98页），从庭园的任何地方都能清楚地看到它。

**右图：** 这块形状特别的红色巨石位于一指庵茶室的一侧，人们在进入茶室之前，会沿露地石径走上垫脚石（tobi-ishi），此时便可欣赏这块岩石。旁边这座古老的石灯笼属于织部风格（oribe toro）的灯笼。

**右页图：** 房子的设计匠心独具，从每一个房间都能欣赏庭园景色，并且每个房间外都铺有通向庭园的踏脚石。作庭师会精心挑选出表面平滑的天然石头作踏脚石。图中有两排垂直插入地面的弧形瓷砖，中间铺有砾石，一指庵屋檐滴下的雨水便恰好滴落在砾石上。

庭园，并于昭和时代初期增建了一间大茶室，其名为一指庵（Isshi-an），这间茶室依照八席日本佛室风格设计。在第二次世界大战的轰炸中，庭园房屋再次幸免于难。濑川昌世（Masayo）的儿子濑川勋（Isao Segawa）也很喜欢这座宅院，并于1952年增建了一座苔庭。当时没人相信他能将苔庭建成，而他不仅建成了，还一直保存至今。1959年，他在著名作庭师田中泰阿弥（Taiami Tanaka）的指导下，为妻子建成了名为苔庵的茶庭。今天，濑川屋与其庭园由濑川家族第四代成员共同维护。

无论是在主屋还是会客室的设计中，庭园都是不可或缺的一部分。它的布局围绕着中央的土坡旋转展开，土坡上有一棵盘根错节的老椎木，几块巨石散布在周围。这个土坡背墙而立，其后便是高高的现代建筑。土坡周围的景致将人们的视线巧妙遮挡，不会受到后面现代建筑的干扰。一条小溪自此蜿蜒流出，穿过庭园；几条石径自此延伸出去，分别通向茶室、茶庭、主会客室和主屋。茶庭的位置极为巧妙，置身其中，便似泛舟于溪流之上。

庭中苔藓长势茂盛，这在东京实为罕见，因为这里并不像京都和金泽那样有适宜苔藓生长的气候。建造这座苔庭时，濑川勋引进了世界各地不同种类的苔藓，而如今那些成功适应了东京气候的苔藓在庭中生长繁茂，郁郁葱葱。长势最好的苔藓源自东京西部山区的奥多摩（Okutama），名为"提灯苔藓"（chochin-goke）。这种苔藓会在其顶部生长出细长的藤蔓，假以时日便会长成约五厘米厚的地毯。濑川勋非常关心这片苔藓，每天早晚都会亲自浇水。

一指庵前的那盏织部石灯笼是日本庭园最古老的石灯笼类型，最初制作于桃山时代，以著名的武士兼茶道大师古田织部的名字命名。这些灯笼没有底座，而是径直插入地面。

# 京都（Kyoto）
## 重森三玲旧宅
### （Shigemori House）

将无形而神秘的自然力量化为有形之物的渴望，让人类发现了那源于混沌太初的独特物质——坚固难移的岩石。

——丹下健三（1913–2005年），建筑师

　　重森三玲是一位诗人，也是一位曾受过花道（ikebana）、绘画和茶道训练的学者。他是第一个对日本庭园进行系统调查研究并撰写调查报告的人。在对日本庭园进行调查研究期间，他对庭园设计产生了兴趣，最后写成了长达二十七卷的调查报告。也许正是他对日本和西方艺术的广泛了解，使他得以重新定义日本园林。1924年至1975年间，他在日本建造了一百八十多座庭园，其中包括著名的东福寺（Tofuku-ji）、瑞峰院（Zuiho-in）、住吉神社（Sumoyoshi Shrine）和福智院（Fukuchi-in）。然而，重森三玲也是近数十年来

**右图：** 这块船形石头来自阿波（Awa）地区，那里因出产一种蓝色石头而闻名，这种石头遇水颜色会变得更深。这艘"船"有"抛却凡尘俗念，净心修身"的寓意。

**左页图：** 正厅檐廊四周随处可见这种波纹状砂砾。这也是日本史上最具创新精神的庭园设计师重森三玲所大胆运用的一种图案。

在圆形参拜石旁边有四块巨石代表着中国传说中的蓬莱，相传这座岛隐匿于遥远的大海之中，那里居住着拥有长生不老药的仙人。在日本，这种石组也是表达"青春永恒"的传统方式。

颇具争议的庭园设计师。他的作品既深思熟虑、精雕细琢又大胆不羁、匠心独具，每一个都与众不同。大多数人认为他引领日本庭园设计走向了现代化，但也有人批评他太过大胆张扬，与传统庭园所秉持的精神相去甚远。传统庭园旨在映射自然，而重森三玲则将源于自然的概念和材料同现代材料、形状、色彩和技法结合起来，着力于创造脱俗革新的设计作品。在他看来，庭园设计应始终秉持现代特色。他热衷于重新定义传统庭园，认为庭园也可用作表演和展览。在建成岸和田城中的枯山水庭园后不久，他便在那里举行了一次风格前卫的花艺展览。他还为这一活动编排了主题为直线和曲线的传统舞蹈表演。他在1969年设计了一座名为天籁庵（Tenrai-an）的茶庭，其特色在于它的踏脚石都嵌在涂了颜色的水泥底座上，让它看起来更像是一座可以行走其上的雕塑，远非一座庭园。

在设计他自家的庭园时，重森三玲采用了更为天马行空的设计手法，而且似乎乐此不疲。重森旧宅及其庭园最初是归旁边的吉田神社（Yoshida Shrine）所有，其历史可以追溯到江户中期。1943年，重森三玲买下了这片房产，之后便开始逐步改造庭园与房屋，分别在1953年和1969年增盖了名为无字庵（Muji-an）和好刻庵（Kokoku）的两座茶庭。主庭环绕于房屋两侧，在茶庭附近有两个小型中庭。起居室两侧有檐廊，朝向庭园，将滑动隔门打开时，整个房间便可与庭园完全相通。

**右图：** 这种波浪形排布的踏脚石是重森三玲创造力的极致体现。左侧的丹波鞍马石（tanba kurama）是用红色砂浆固定的。这种砂浆由水泥和产自孟加拉（Bengla）地区的红色颜料——铁丹（bengara）混合而成。

**右页图：** 重森三玲将多块直立的巨石组合在一起，这种违背传统作庭原则的设计彰显了他出众的设计天赋。他会将石头的大半部分埋入地下以确保其稳定性。

**右图：** 自书院式客厅向外望去，便能看见主庭中的壮观景致。庭园中心的太参拜石在重森三玲买下这座庭园之前就已安置于此。

**左页图：** 沿着这条笔直的石径从入口走进庭园，游客们的视线便为庭中的景色所俘获。沿着小路便可进入房中。重森三玲有时会为他的艺术家朋友们举行茶道仪式，这条石径便是引导客人进入茶室的绝佳通道。

重森旧宅的枯山水庭有着清晰分明的前景、中景和背景，这一点倒是遵循了日本庭园设计的基本原则。前景中有踏脚石、苔坪，还有耙制出波纹的砾石，如海浪般流淌延展。这些来自四国阿波地区的青石砂坪和苔藓都是日本庭园的传统元素，重森三玲却用现代的独特方式，巧妙地将它们组合起来，青石的黑、砂坪的白，还有苔藓的绿形成了强烈的色彩对比。然而，要说最大的惊喜，还是来自中景：那些巨石的排布完全背离了传统作庭的原则，呈现出一种全新的设计风格。根据日本传统作庭典籍的记载，直立的巨石数量不宜太多，相距不宜太近。然而，这个规则却在这座庭园中一次又一次地被打破，各种标新立异的设计反而效果出众、大获全胜。

庭园中的石组也在向人们讲述一个个精彩的故事。庭园中央的四块岩石组成的石组代表着佛教极乐世界的四座岛屿，或是指神话中的仙人，也就是道家传说中会施展仙术的道人。旁边还有一块高高的岩石代表一只仙鹤，而那块低矮圆润的岩石则代表一只海龟。龟鹤在日本文化中都是长寿的象征。庭中间有一块大而平坦的"参拜石"，人们会站在上面，面向吉田神社祈祷。庭中还有一块舟形石，就像一艘船，日本传统庭园中经常用它来表达"抛却凡尘俗念，净心修身"的寓意，或是用它来象征通往佛界净土的历程。在这些引人注目的石组之外，是由庭园外墙附近更大的岩石和树木组成的背景。一些学者认为重森三玲得到这座庭园时，曾将园中的一棵红松树作为佛教宇宙中心——蓬莱山（Mount Horai）的象征。现在这棵树已不复存在，旁边那块高高的岩石便被当成了蓬莱山的象征，而它周围的低矮岩石则象征着极乐的岛屿。无论人们如何解读，现在的庭园都无法完全体现重森三玲最初的设计理念。

像重森旧宅这样的庭园，照料起来花费巨大，且耗时费力。幸运的是，重森三玲的屋舍与庭园如今由他的孙子重森三明（Mitsuaki Shigemori）照料。重森三明不仅独自承担屋舍和庭园的维护任务，而且还将其向公众开放。他正计划寻求有关部门和公司的支持与合作，从而让重森旧宅的维护和开放得以持续下去。

# 东广岛（Higashihiroshima）
# 贺茂泉酿造公司
# （Kamoizumi House）

日本米酒的产地附近常有优质的泉水。贺茂泉酿造公司将酿造地选在了东广岛，从1912年起便一直在这里酿造米酒。第二次世界大战以来，米酒酿造工艺一直在不断革新，但该公司仍致力于遵循古法酿造工艺，将米酒酿造的传统传承下去。前垣寿男（Hisao Maegaki）是公司的第三代接班人，担任公司董事长。他一直专注于纯米酒（jyun mai syu）的酿造和推广，酿造时只用大米、酒曲和水，不添加任何酒精和糖。

贺茂泉酿造公司及储物室建于大约二百四十年前，之后又有过几次扩建和修缮。前垣寿男（Hisazo Maegaki）是现在屋舍主人的父亲。他于1955年建造了主客厅，还想要重建主客厅前的庭园。巧合的是，当时著名的作庭师重森三玲经亲戚介绍恰好到这座宅院来参观。作为现代日本庭园设

**右图：** 贺茂泉酿造公司酿造的米酒并不像普通米酒那样清澈，其色调是浓浓的亮黄色。这是因为他们并没有使用活性炭进行过滤。因而，酿造出的米酒浓香醇厚，酒香四溢。

**左页图：** 庭园设计完美实现了日本庭园美学所追求的动态与静态美的融合统一。除了白川沙和几块岩石之外，其他的材料都是取自当地，如石头、石板、沙子、苔藓等。

上图：这块石碑上刻着一首出自山口正一（Seiichi Yamaquchi）的俳句。这首诗的译文意思相当之美，大意为"家庭小院，半间几缸酒"。

左页图：图中的庭园是从房屋内向花园眺望后拍的。把茶几放置在屋至石产台前的位置上，可谓独具匠心。凝神看这块有百年历史的老盆景。

**东广岛　贺茂泉酿造公司**　　117

计的开山之人，重森三玲当时繁忙至极，一些大型寺庙庭园和公共建筑都需要他主持设计建造。然而，他却爱上了贺茂泉酿造公司的这栋建筑。离开后不久，他就给寿男发了一封电报，表达了自己想要设计庭园的意向以及计划开工的日期。重森三玲及其团队成员在约定好的日期开工，这才有了我们今日所看到的这座秀丽庭园。

重森三玲本想将庭园后原有的储物室作为借景。这个储物室沿用了当地较为典型的建筑风格，黑色瓦楞墙（namako）以白色石灰镶边，黑白相间。不过，储藏室原有的墙体太矮，难以达到他的设计要求，因此进行了改造，将其增高至理想的高度。重森三玲设计这座庭园时，将原有的绿植保留下来，使其融入其中。他还前往前垣家的山上挑选石块，用自己的手杖标记好所需石料，然后由他的助手们运回。他仔细设计了每一块石料的摆放位置、方向，以及彼此间的组合方式，他甚至在挑选石头时就已经对此有了全面规划。最终，他带回来的每一块石料都派上了用场。

**上图：** 幽深的檐廊是全家人一起欣赏庭园的绝佳位置。

**左页图：** 庭园后的储物室墙体被用作借景。这个储物室沿用了当地较为典型的建筑风格，黑色瓦楞墙以白色石灰镶边，黑白相间。

**左图及下图：** 日本的作庭师、建筑师、画家或手艺人都尽其所能地在创作中将自己"隐身"，仿佛他们创造出来的作品原本就在自然之中存在着，与周围环境浑然天成。重森三玲成功地将这一标准践行到庭园设计的细节之中，如诗如画般的庭园才得以呈现在世人面前。

**右页图：** 图中的小庭仅凭排列奇特的石子和白沙这一点就足以让人过目难忘。前垣一家在耙制白沙纹理的时候总是乐在其中。

庭园建成的半个世纪以来一直在不断完善，人们对其中各处细节的把控也逐渐成熟。松树、橄榄树和枫树构成了背景；长满青苔的低矮的小山与大大小小的石块浑然天成，构成了中景。光滑平坦的石板沿着檐廊呈现出波浪形，构成了庭园的前景。其余部分用白沙填补，并打理出波浪形的纹理。五十年前重森三玲就预料到随着岁月的流逝和雨水的冲刷，墙上的白色石灰颜色会逐渐发生改变。虽然事实如他所料，但用作背景的储物室墙壁实际上依旧与庭园本身完美契合，两者相辅相成。

庭园现如今的主人表示，这座庭园最初的设计灵感来自离他家不远处坐拥众多小岛的濑户内海（Setonai-kai sea）。他的父亲上了年纪以后，更喜欢静静地欣赏这座庭园，独自一人在庭园里把玩着形态各异的石块，将石板想象成在海上乘风破浪的航船。尽管庭园本身堪称一件艺术品，但对他来说，这里却并非是博物馆之类的存在，而是他们家族生活中的一部分。柴米油盐、嬉笑怒骂皆在其中。他认为这才是这座庭园真正美好的地方。他也常常邀请三五好友到庭园中一起品茶，享受悠闲时光。

# 中津川（Nakatsugawa）
# 醋屋（Suya）

　　在日本，有一种由压碎的栗子和少许糖制成的独特甜品，叫作栗金团（kuri-kinton）。人们通常在金秋时节享受它的美味。据说，食用栗金团能延长整整七十五天的寿命，或许是因为它的美味让人心情愉悦吧。这款甜品的历史还要追溯到江户时代，赤井家族（Akai family）第十一代传人赤井良一（Ryoichi Akai）的曾祖父首创了这款甜品。在此之前，赤井家族经营着一家当铺，同时从事制醋生意，

**上图：** 栗金团和绿茶乃是绝配。

**左页图：** 房子建在由巨石构成的地基之上，上层平台探出水面，将房屋内部和庭园连通起来。平台所在之处也是整栋房子最凉爽的地方，庭园中吹来阵阵清风驱走了夏日的闷热。

**左图：** 檐廊是夏天乘凉的好去处。为了保证通风，推拉门上方留有几个花朵形状的开口，可以随时打开或关闭。

**下图：** 图中的大石头据说来自惠那山。在没有大型机械助力的时代，搬运这种巨石着实是一项巨大的工程。

**左页图：** 这座由巨石铺成的石桥是庭园初建时的一部分，也是整个庭园最令人称道的部分。桥旁的雪见石灯笼是后半叶添置的。

他们的作坊也因此得到了"Suya"（醋屋）的名号（su意为"醋"，ya意为"商店"）。当连接江户和京都的中山道（Nakasendo）开通以后，赤井一家便开始了给沿路商店批发佐茶甜品的生意。醋屋地处岐阜县（Gifu prefecture）的中津川市（Nakatsugawa），这里紧邻高速公路，又有众多旅店。且该地区富产板栗，保证了充足的板栗供应。

现在的醋屋及其庭园坐落在距中津川市中心不远的惠那山（Mount Ena）山脚下。这栋房子原本是间杢右卫门（Mokuemon Hazama）于1917年建的避暑别墅。据说，此人是一位相当有势力的地主，房宅产业遍布各处。这栋房屋转手多次，后来，由于赤井家族和间家（Hazama）沾亲带故，才得以于1980年将其买下。

醋屋庭园由来自京都的作庭师建造，其风格和京都庭园一致。该庭园的一个明显的特点是充分利用了附近山脉充沛的水资源。园中池塘的水是来自惠那山的地下水，这些水最终汇入中津川河，涓涓流水让整个房屋在夏天也能保持凉爽。池塘中原本有许多锦鲤，但一段时间过后，纷纷沦为

房屋的一部分建在池中的石头上，使得整个房屋与庭园结合在了一起。房屋左侧的松树和几种灌木都经人精心修剪过，不会长得过于高大茂盛而影响到整个庭园的结构布局和整体平衡。

**右图：** 一个长长的木制门廊将整个榻榻米房间围起来，起到过渡衔接的作用。门廊敞开时，室内和庭园景观便自然连接在了一起；关上时，门廊又变成了室内空间的一部分。

**右页图：** 房屋一侧的门廊探到池塘水面之上，另一侧的门廊则正对着中津川河（图中不可见）。房屋底层地板离地较高，以保证下方的空气流通。

**下图：** 图中这个大正时代的洗手盆设计极具现代感。四个侧面的图案各不相同，上方还有铁铸的螃蟹。

了黄鼠狼、野猪和苍鹭的美餐。庭园中还精心布置了许多巨石。其中最大的一块石头独立成桥。据说这块石头和附近中津川神社大门所用的石头取自同一个采石场。

据说，间杢右卫门过去常于满月之时在自家池塘举办夏季游船会。不难想象，当时的庭园池畔定是宾朋满座。大家欢聚一堂，品美食，赏皎月，载歌载舞，热闹非凡。

# 京都（Kyoto）
# 荒木家宅院（Araki House）

京都西部居民区靠近著名的西芳寺（又叫"苔寺"，Saiho-ji），那里总是宁静祥和，安静美好。荒木祐信（Sukenobu Araki）的房子建于1993年。当地的建筑皆质朴而优雅，哪怕是那些新盖的房子亦是如此，而荒木祐信的房子则是其中最典型的代表。荒木原本住在一栋二层老房子里，退休之后，孩子们也纷纷离开，独自生活，他和妻子便决定换个小一点的房子。于是，他们请建筑师柿沼朱里（Shuri Kakinuma）在旧房原址设计建造了现在这间小巧但光照充足的单层房屋。

柿沼朱里设计的这间房子环绕着一个小庭园，这样一来，每个房间都能做到视野开阔，光照充足。如何实现房间内采光柔和的效果，同时又不能过多使用易反光的玻璃，柿沼朱里在这方面着实费了一番心思。

著名作庭师池内和良（Kazuyoshi Ikeuchi）负责设计房前的庭园。荒木希望庭园给人一种开阔的感觉，他不希望茂密的树木乌压压地盖住整个庭园。池内并没有在纸上画出庭园的设计图纸，而是在实地直接构思。他最先着手设计的是连通房子和主街道的一条小路。虽是短短的一条小路，但无论是路线规划还是路面倾斜度，每一个细节他都深思熟虑，精心雕琢。旧房屋原有的树木、石头和石灯笼都尽可能地重新利用。其中有几块石头还是早年荒木的父亲从石料商人那里买来的。荒木的父亲对石头喜爱有加，当时有一个商人开着卡车来此卖石头，他看到这几块石头爱不释手，便买了下来。园中的铺路石原本是京都地区铺设有轨电车轨道的石头。有轨电车从19世纪末期在日本出现，一直到1978年才退出历史舞台。日本庭园在建造时喜欢重新利用那些有

这间房屋的质朴与优雅，可从细节上窥见一斑，比如门廊和拉门。通往大门的小路营造出了一种静谧安宁的氛围。

门厅的松木地板和木墙将入口处的
小院子围了起来。庭园不大，但
里面的景致却并不单一，有许多精
巧的细节设计匠心独具，让人叹为
观止。屋内光线在明亮庭园的反射
下显得尤为精决。从每个房间向外
望去，庭园的美景都能尽收眼底。

历史渊源和故事的石头。那些老树也会被移栽到更适合的位置，得到精心照料。该园在重建时，有一棵老松在移栽之后死去，荒木提及此事，甚是伤感。如今的庭园内树种繁多，有枫树、雪松、厚皮香（mokkoku）等，还有杜鹃、日本海棠、金桂花（kinmokusei）和山茶花。选择这些花木的原因是想借此营造一种幽静而隐秘的氛围，将庭园与熙熙攘攘的街道隔绝开来，同时也因为它们一年四季都美不胜收。地上长满了雪松苔藓（sugi-goke cedar moss）。池内说每当樱花绽放时，他就会把这些苔藓修剪到几乎与地面齐平。他在打理园中植被时，并非参照日历，而是遵循大自然的变化规律把握时机。在樱花绽放的季节修剪苔藓可以让它们在些许时日后重新铺满整个地面，就像天然的地毯一样。

　　来往的行人可以隔着门廊和敞开的推拉门瞥见园内的美景。从光线较暗的门槛下穿过，便可以沿着一条亮堂堂的石径欣赏沿途的绿植和石灯笼。游客们在门槛下的黯淡光线里稍一驻足，滑动的前门便缓缓打开，庭园内相对明亮的景色便跃然于眼前。这一暗一明的顺序都是精心设计好的，许多隐藏的细节也都按照设计者的意图次第呈现出来，入口处蜿蜒曲折的小径营造出一种幽深静谧之感，所有这些都是这座庭园最具特色的地方。

**上图：** 主宅大门入口处的巨大垫脚石材质为鞍马石。这种石头表面有着铁锈般的红色纹理，较为罕见，价格不菲，原产自京都附近，并因其产地而得名。这块石头周围的地面上还嵌入了漂亮的碎石，并将其做成了"深草三和土"（fukakusa-tataki）风格。

**左上图：** 图中石灯笼中部的装饰代表黄道十二宫，类似的设计源于著名的奈良春日神社（Kasuga Shrine）。石灯笼是直接"种"在地上的，这种摆放方式被称为织部风格，得名于桃山时代著名的茶艺大师、武士古田织部，也正是由于他对这种灯笼的偏爱才使其得以流行。

**左页图：** 曾经用于铺设有轨电车轨道的石板得到再利用，铺成了通往房屋入口的小路。

# 公共庭园

　　日本绝大多数公共庭园原本都是当地大名或贵族的私人庭园，抑或是寺庙庭园。1868年明治维新后，日本政府承诺要通过土地改革和颁布税法来保障社会公平，这些庭园因此成为公共财产。部分私人庭园由一些旅馆或相关机构接管，保存了翔实的历史资料，并得到了妥善的管理。日本东京的国际文化会馆、石川国际沙龙以及金茶寮（Kincharyo）的庭园都是典型代表。

　　在樱花盛开时节参观八芳园（Happo-en）或是在鸢尾花开放之际参观花菖蒲庭园（Kamo Hanashobu Garden）都是十分令人难忘的经历。每到繁花绽放的季节，成千上万的日本民众便会蜂拥而至。参加各种赏花盛会，不仅可以一睹秀丽庭园的风采，也能在社会、经济生活之外，保有一份对自然的热爱和敬畏。

挂川（Kakegawa）

# 加茂花菖蒲庭园

## （Kamo Hanashobu Garden）

这其实不是一个传统意义上的庭园，而更像是一个观赏日本鸢尾花盛大庆典的绝佳地方。这个庭园的起源可以追溯到16世纪的桃山时代，它原本是地主加茂家（Kamo）的产业，该家族曾有人担任过当地村镇的领导。这一家人曾居住过的那座大房子、大门（nagaya-mon）以及储藏室兼警卫室都建于江户时代，历史悠久。这个庭园的其他地方，比如外墙和仓库，都建立于明治时代。第二次世界大战以后，日本在社会、法制和税收等方面变革较大，导致加茂一家失去了原有的耕地。也正是从那时起，他们开始利用手头的这座房产来经营旅馆，之后又将其作为鸢尾花园对公众开放。

加茂家最初于江户时代末开始在大门外种植鸢尾，而当地的气候和环境恰巧十分适合鸢尾的生长，其数量开始逐渐攀升，很快这里便成为颇受游客青睐的旅游胜地。1958年，加茂家终止了原有的旅馆生意，转而将所有的精力都投入到

**左页图：** 加茂家房屋的大门以及旁边的储藏室，成为这片鸢尾花海的绝佳背景。

**第140-141页图：** 鸢尾生长在水下的尾土中，散布于木板桥之间。从平安时代开始，众多日本作庭师和画家就为其魂牵梦萦。除了在花菖蒲庭园可见到这绚烂的鸢尾花海，在许多屏风、和服和各种装饰品上也都能见到类似的图案。

庭园上来。发展至今，该庭园每年4月到6月底向公众开放，这也正是鸢尾花开放的最佳时节。在面积大约一万平方米的庭园内生长着一千五百多种植物以及超过一百万株鸢尾花。加茂一家也成为种植鸢尾花的专家。如今，他们种植的鸢尾花销往日本各地。花开季节，约三分之二的植物生长在水下二十至四十厘米的泥土中，其余的则移栽至容器内，于温室中培养，以便轮换和更替，保持更长的花期。在赏花季节，游客们还能享用到具有传统日式赏花午宴风味的精美盒饭。

花菖蒲庭园总共包含三部分，最前面的是一片生长在浅水中的鸢尾花，中景是环绕庭园的绿植和屋舍，背景是生长着茂密雪松和翠竹的远山。山其实并不属于加茂一家，但是整体来看，将其作为背景借用到整个庭园设计中。"借景"是日本庭园设计中常见的设计理念。

鸢尾花在日本艺术和文化中有着举足轻重的地位。过去，由于菖蒲的地下块茎气味浓烈，人们常用菖蒲花来驱邪避灾。其叶片修长，形如利剑，因此也常常被运用到武士阶层的军事艺术当中。花菖蒲的叶片跟菖蒲类似，两者皆象征着力量与权势。江户时代的幕府将军也喜爱花菖蒲，有人便投其所好，从日本国内外为将军们收集了各种各样的花菖蒲。到江户时代末期，鸢尾花的栽培和观赏已经相当流行。

原生的紫色鸢尾花常生长在草地和沼泽中。除此之外，如今的日本还有许多颜色各异、大小不一的新品种。除紫色鸢尾花，在加茂的庭园中还能看到白色、黄色以及粉色的鸢尾花争奇斗艳。

每年5月5日在日本举行的"男孩节"曾是一个专属于武士的节日，但发展至今，已经成为全国性的节日。人们在这一天将菖蒲叶子做成花环，戴在男孩们的头上。男孩们用泡有菖蒲叶子的洗澡水沐浴也是该节日的传统习俗。鸢尾花的重要性在东京明治神宫（Meiji Shrine）的鸢尾园也得到了很好的印证。值得注意的是，园中的部分鸢尾花从20世纪初的明治末期就已经开始栽培了。鸢尾属植物的平均寿命约为十年，这些长寿的鸢尾花经历了无数次的鳞茎分裂，无疑是对园主人多年来精心照料的最好回馈。

　　加茂一家的鸢尾花生长在水下的泥土中，散布于木板桥之间，两者的组合在屏风画、和服图案和其他装饰性艺术作品中十分常见。实际上，这种栽培方式着实有些与众不同，因为日本鸢尾的生长其实不需要过多水分。而当地另一种类似鸢尾花的燕子花（Kakitsubata）则需要生长在沼泽地等水分充足的环境中。由于这两种花卉的叶子非常相似，人们也就自然而然地认为日本鸢尾的生长也需要大量水分。燕子花的主要特征是花朵中央呈白色，而日本鸢尾的花朵中心则为黄色。自平安时代起，水、板桥和鸢尾花组合而成的美景便吸引了艺术家的目光，人们对这种组合景观的喜爱也一直延续至今。鸢尾花修长的叶片在水中恣意生长的景象与稻田极为相似。而在日本人心中稻田有着举足轻重的地位，与稻田相似的水中鸢尾花或许也因此而备受人们喜爱。长久以

来，木板桥也成了日本庭园中必不可少的部分被保留下来，因为园丁们需要借助木板桥在水中穿行，来打理花卉。在如今的加茂庭园里，依然可以看到园丁们走在木板桥上照料花卉的场景。水、木板桥和鸢尾花三者被保留至今当然各有其历史原因，这些暂且搁置不论，单是加茂庭园的风景本身就着实称得上是赏心悦目，让人心旷神怡。

# 东京（Tokyo）
# 惠庵茶寮（Ean Tea House）

东京新高轮（New Takanawa）的王子大饭店（Grand Prince Hotel）内有一座惠庵茶寮，是举行茶道仪式的不二之所。日本著名建筑师村野藤吾（Togo Murano，1891—1984）于1982年设计了这家酒店，而惠庵茶寮和庭园则在1985年竣工。村野藤吾的作品以日本传统建筑为基础，每一个细节都经过精心打磨，远近闻名。其作品与同时代其他人的作品相比风格迥异。

尽管惠庵茶寮坐落于东京市中心，却有一座面积达四万平方米的庭园将其包围。在地价昂贵的东京市中心，这无疑是极其奢侈的。庭园所在之处曾经是北白川（Kitashirakawa）皇室的宅邸所在地。惠庵茶寮包括一大数小几间数寄屋（Sukiya）风格的房间，一座古朴的茶亭隐身于绿意盎然的树丛之中，一条小溪从旁边蜿蜒流过。茶道仪式通常会根据参加人数和所需营造的特定氛围而选择合适的茶室。环绕茶亭的茶园更是营造出了一种质朴的"侘寂"之感。"侘寂"是日本美学的核心理念，以简单、质朴、低调之美来传达与自然和谐共处的意境。

**右图**：惠庵茶寮的大门是草笠门风格（Amigasamon type）。这个名字来源于"草笠"一词，指的是一种用稻草或干草做成的老式草帽。

**左页图**：从大门通向入口的院地是一条用石头铺成的小路，石头大小不一，组合成不同的图案。

　　惠庵茶寮有两个入口。正门位于一个斜坡上面，沿坡而上便来到了带有门檐的大门前。进门后，可以看到一条石头小道延伸至庭园深处，小道旁有一间小茶室。园中有一面土墙，将庭园分成内外两部分。在人们绕过这面土墙走进内庭之前，可以透过土墙上那处巨大的孔洞瞥见园中景色。内庭一直延伸至几间茶室，茶室内的布置可谓一丝不苟。从茶室继续前行，便可见一个颇具田园色彩的古朴茶亭。走过茶亭，便到了整个庭园的另一个入口——一扇带有茅草檐的木门。木门外是一条小溪流。溪边大片大片的灌木恣意生长，芳草茵茵，绿树繁茂，与那精心修剪的庭园景观形成了鲜明对比。

　　庭园内部有一处等候区（machiai），三面封闭，一面朝向庭园开放。其上方的木制屋顶是木瓦板屋顶（kokerabuki）。里面有一条长凳，人们进入茶室之前可在此处小坐，整理心绪，为接下来的茶道仪式做好准备。等候区的垫脚石看似很随意地摆放在各处，其实这些石头都是 "露地" 的一部分。"露地" 蜿蜒曲折穿过整个庭园，连接两个入口，这种石头小径都是按照 "真""行""草"（shin、gyo、so）三种风格设计的，大致可以理解为正式、半正式和非正式。从石径的设计风格可以看出庭园设计的正式程度。露地石和庭园里的植物通常都会提前用水打湿，以表示对客人的欢迎。

　　惠庵茶寮的茶庭与外面的庭园间隔着一道又长又窄的灰泥墙，墙顶盖着一排硕大的瓦片。这样一堵墙将 "茶的世界" 与外面的凡尘俗世分隔开来，哪怕那世界灯红酒绿，热闹非凡。

在名为"哦"的主茶室前有一个庭园，里面有绿植、沙子和洗手盆，皆按传统的风格布置，但整体看着却给人一种现代感。从茶室内向外望去，庭中美景一览无余。这一点往往在茶庭设计之初便要考虑周全，以保证室内观赏的最佳视角。

左图：从主茶室出来是一条半开式风格的石径。大块的铺路石周边铺满碎石。

下图：茶室门廊的地板由竹子和木头制成。门廊外为院树法平坦招人一种扑面而来的现代感。

左页图：跨踏水盆周围或为沿阶草（ryu-no-hige）环绕。水盆踏板边缘上的某未弧形图案很容易让人联想到传统切削工具铬平（chona），这种工具被用于切割要木等相对坚硬的木材。

**右页图：** 从主客厅外的门廊走下来，便来
到了一块巨大的脱鞋石前，游客们可以在这
里换上木屐（geta）或草鞋（zori），然后
踩着垫脚石铺成的小路走进庭园。

**左下图：** 园中石块、装饰物和灌木的位置
都经过了精心设计，与周边的绿树相辅相成，
相映成趣。

# 金泽（Kanazawa）
# 石川国际沙龙
# （Ishikawa International Salon）

　　石川国际沙龙是一处有着八十五年历史的日本传统房屋
和庭园建筑群，始建于大正时代末期，是金泽一位颇有声
望的居民为自己建造的第二座宅邸。这处房产不久前由石川
（Ishikawa prefecture）政府接管，并开始对公众开放，主
要用于举办艺术展览、表演和各种社会活动。该建筑群距离
人气颇高的兼六园（Kenroku-en Garden）和金泽市中心刚
刚建成的当代艺术博物馆都很近。金泽长期以来，以其独特
的文化传统和对艺术的热爱及推崇而享誉盛名，石川国际沙
龙更是为当地的旅游文化资源增添了浓墨重彩的一笔。

　　若想真正感受石川国际沙龙庭园的美，步行游览是最佳
方式，就像漫步兼六园等庭园时一样。除此之外，从室内向
外欣赏园景也是不错的选择。从不同的房间出来，都会有一
条迷人的石头小路，弯弯曲曲地通向庭园，漫步其上，让
人感觉轻松惬意。踩着脚下的石头一路前行，身旁的景色也
随之变换，边走边看，移步易景。小路一直延伸至庭园最
深处，走到尽头时，仿佛走进了茫茫密林深处的一片幽静
之地。

左页图：檐廊处的平台是放背庭园的地结场所，房间两侧的纸屏风已经被夏季的帘子所取代，这样一来，缕缕清风就能吹入房间。帘子底部还有一个云朵形状的镂空，造型极为美观。

下图：檐廊地板上铺着布边薄草席（usuberi），跃在上面也置置水饰的触感更佳，不失为一种奢侈的体验。

从不同房间向外望，都能看到庭园前景中的各式灌木、观景石、石灯笼、洗手盆和水井，周围是垫脚石铺成的小径和长势茂盛的绿色苔藓。园里的石灯笼因其悠久的历史和上等的工艺而倍加珍贵。背景处是许多高大的树木和繁茂的灌木，其中有一棵日本白橡树已有三百年树龄了。其他树种还包括枫树、雪松和松树，不一而足。右侧是高高的库房墙壁，左侧和后面是传统的边界墙，庭园则被这几面墙壁环抱在其中。

主客厅一直延伸至庭园，两侧都可以敞开，敞开后室内室外便连通起来。两侧的墙由柱子和可推拉式纸屏风组成，墙外侧是檐廊。撤掉屏风时，室内空间与庭园便融为一体。夏天，人们会撤去可推拉式纸屏风，换上芦苇草编成的帘子（sudo）。从屋内透过帘子上的波纹图案向外望去，整个庭园的一草一木尽收眼底。若是将窗户打开，清风徐来，整个房间都透着清凉。尽管定期更换墙体需要耗费大量的资金和精力，但不论是在京都还是金泽，这一传统都很好地保留了下来。这说明日本人对季节变化十分敏感，同时也是他们热爱自然的绝佳佐证。石川国际沙龙也遵循了这一传统，每年都会对其进行更换。可推拉式纸屏风或帘子外的护窗板也可以在夜间或暴风雨来临时临时关闭。

金泽和京都一样，气候湿润，有利于苔藓的生长。日本有将近二百种苔藓，这个庭园内就有大约一百种。深浅不一的绿色苔藓闪烁着光辉，让地面的颜色丰富起来。苔藓是一种十分独特的植物，在某些角度来说它就像野草一样顽强，但从另一方面来看又十分脆弱，因为过多或过少的阴凉和水分都会令其死亡。苔藓通过叶片和根吸取水分，空气和地

面中的水分要保持相对平衡，这对于苔藓的健康生长十分必要。打理苔庭并非一项简单的体力劳动，必须是真正对此充满热爱之人才可以胜任。唯有那份挚爱与尽心，才能将苔庭打理得健康繁茂，才能让这绿毯之中不存一丝杂草。可见一座经过精心打理的苔庭是需要投入大量的时间和精力的。这里面长势最好、最具观赏性的当属雪松苔藓。它的每一个孢子看起来都像一棵褐色的微型雪松，但不同的是其顶端有一个亮绿色的星状突起，仿佛戴了一顶皇冠。

金泽的庭园中有大大小小各式各样的石头，种类繁多。这大概与曾经统治金泽的封建领主前田（Maeda）有关。江户时代，前田对幕府将军支持有加，常常向京都和江户地区派遣工匠和输送物资来帮助幕府将军建造楼阁和庭园。这些工匠们在那里掌握了当时最先进的建造技术和流行的庭园风格，工程结束后便带着这些技艺返回金泽。江户时代的金泽也是一个商业中心，各式商品在此装船销售至日本各地。商船返回金泽时，便会搭载许多形态各异、色彩缤纷的石头作为压舱物，而这些石头便在作庭时得到了充分利用。然而，金泽的建筑和庭园也有不同于京都的元素，比如会使用鲜艳的色彩，在漆内墙时会选用亮丽的大红色，各类木制品也通常是用红漆装饰。形状别致或颜色鲜明的石头在金泽庭园中也较常见。京都的庭园美学以内敛克制闻名，但金泽庭园的美却更加喜庆，生机勃勃。

# 金泽（Kanazawa）
# 野村家宅院
## （Nomura House）

　　野村家宅院坐落于金泽城（Kanazawa Castle）脚下的长町区（Nagamachi district），这里以石板路和土墙环绕的武士住宅（samurai houses）而闻名。在诸多房产中最大的一处曾属于野村传兵卫信贞（Denbei Nomura）。野村家族曾在江户时代效力于封建领主前田家族。明治维新后，封建制度岌岌可危，直至瓦解，当地武士的俸禄被取消，他们的财产也被没收充公。野村家族前前后后十二代人都在这里生活，从那以后他们被逐出宅院，原有的部分土地也被改成了农场，种植蔬菜和果树。野村家最初的房产只保留下来了这座约一千平方米的庭园，园内有一些古树、池塘、大门和围墙。几次易主后，1941年，庭园新主人决定修复这座庭园，从桥立村（Hashidate village）将富商兼船东久保彦兵卫（Hikobei Kudo）在1841年建造的豪宅迁了一部分过来，并在园中增建了一间茶室。

入口处铺着巨大而显眼的垫脚石。客人到来前，主人会用水将石头打湿，以示对宾客的欢迎。秋天到来的时候，园中那棵中国红枫的树叶变得火红，为庭园增添了一抹亮丽的色彩。

"上段之间"（Jodan-no-ma）客
厅外的檐廊探入池塘和岩石之
上，当拉门打开时，室内外的
界限便不再清晰，内外相通，
自然融合。园中溪流借着落差
形成瀑布，水流湍急，而流经
客厅附近时又渐趋平缓。水中
石块之间，一条条锦鲤往来穿
梭，好不惬意。

左图：一卷罕见的多宝塔（tahota）佛塔，造型别致，是园中一处重要的景致。

下图：赏雪灯笼傍水而立，灯笼在水中的倒影清晰可见。

左页图：庭园中有诸多巨石。日本经典庭园设计典籍《作庭记》的作者认为，立石不可操之过急，要耐心地去了解每块石头的品性，"直到石头自己告诉你，它想待在什么地方"。石与石之间的间隙也同样重要，因为这里是这些石头的能量和灵气聚集交汇的地方。

穿过那扇并不算高大的武士风格的大门，踏过几级石阶便来到了野村家原来的宅邸。庭园按照小堀远州的风格设计而成。小堀远州是日本著名的茶艺大师和庭园设计师。室町时代流行的禅宗庭园风格朴素，适宜清修。而小堀远州却在此基础上增添了华丽和优雅的色彩。他在庭园设计中尤其重视绿植、石头、溪流和池塘间的自然和谐。

野村家宅院在设计时巧妙地利用了其地势的天然坡度，屋舍、茶室都依势而建，庭园各处景观也因此有了高低层次之分。庭园坐落于整个建筑区域的西北部。从桥立村共迁来五个房间，无论从哪个房间向外看，整个庭园的美景都尽收眼底。屋外檐廊也着实巧妙地悬于水池之上。常言"近水楼台先得月"，在一间被称为"奥之间"（Oku-no-ma）的房间外面建有一处观景台，观赏者可以在此处最先欣赏到庭园景色，从这里也能看到那座格外引人注目的樱桃红花岗岩石桥。这片区域是整个庭园最意趣盎然的地方，因为离瀑布最近，还有欢快的溪流翻涌着水花，从不同的石桥下潺潺流

过。倾听水声也是赏园观景时不可或缺的部分。园中溪流来
自附近一条名为女川（Onagawa）的航道。在江户时代各
种货物及供给物资都是经由这条航道从码头运到金泽城。从
这处观景台也可以看到主客厅的一部分探入园中，似与庭园
相接。旁边的池塘地势略高于主客厅。这种地势的落差让园
中的水景呈现出不同的姿态，一边是激流湍急，欢腾跳跃，
另一边则是小池静水，清澈如镜，素湍绿潭，美不胜收。
从主客厅沿着斜坡而上，便可去往茶室。

　　"上段之间"和"谒见之间"（Ekken-no-ma）这两个
房间在野村原有住宅的基础上重建而成，极尽奢华。其主人
久保建造这两间寝室是为了接待当地的封建领主，这在当时
是无上的荣耀。"上段之间"面朝庭园，房间可以从两侧打
开，从室内便可以看到庭园中最大的石灯笼及其周围青葱的
灌木和绿树。急流在此处汇入池塘，素湍变绿潭。五彩斑斓

的锦鲤在池中畅游。头顶的屋檐探入池上，坐在檐廊边上，
便能醉心于这美丽的景色。房间内摆放着不同的物件，里面
有一个盒状鸟笼（Koukei），是专门用来饲养夜莺的。人们
坐在檐廊上欣赏美景的同时，婉转的鸟鸣也会时不时地萦绕
耳畔。

　　从茶室向外望去，可以看到别样的景色。离开主宅，沿
着庭园中的一段台阶拾级而上便可到达茶室。倚靠在茶室舒
适的窗台边，下面的园景便映入眼帘，一览无余。园中有
松树、枫树和樱桃树，还有一棵据说有着四百多年历史的
杨梅树。杨梅在金泽寒冷的气候下存活这么长时间实属罕
见。据说这棵杨梅树是野村传兵卫信贞因思念温暖的家乡尾
张（Owari）而栽种的。现如今，这棵杨梅树已经成了这座
庭园景观的重要组成部分，仿佛在向人们诉说着金泽的往昔
岁月。

# 东京（Tokyo）
# 八芳园（Happo-en）

八芳园中有许多美丽的樱花树，比如河津樱（kawadu-zakura）、吉野樱（yoshino-zakura）、枝垂樱（shidare-zakura）和八重樱（yae-zakura）。当其他树还在冬天的余寒中光秃秃地等待新生时，樱花便在早春的暖意中竞相绽放了。只有在花季过后，花瓣凋零，翠绿的新芽才从枝干上抽出来。所以在春天，八芳园的庭园就像落下了一团厚厚的粉色云朵。夏天，绚丽的杜鹃花使庭园异彩纷呈，秋天，火红的中国枫树则为这座庭园涂上了浓重的秋意，可以说这个庭园的美是"360度全方位无死角"。

八芳园最初是大久保忠教（Hikozaemon Okubo）的宅邸所在地，他是江户时代的武士，在17世纪初的大阪战役中因骁勇善战闻名于世。据说他晚年便生活在此处他的旧宅之中。今天我们所看到的庭园和房子是由一位极有权势的实业家和政治家久原房之助（Fusanosuke Kuhara，1869—1965年）建造的。除了在神户（Kobe）的豪宅和京都的三座别墅，他还想在东京市中心建造一座房子来招待贵宾。在

**右图：** 洗手盆里的水不仅可以用来洗手，还能给游客带来沁人心脾的清凉之感。

**左页图：** 八芳园的大门具有江户时代武士门的设计元素，之所以被称为武士门，是因为只有武士阶级的人才有资格在自己的宅邸建造这样的门。

客厅外是庭园，整面墙可以完全打开，这样房间内部和庭园就融为了一体。在炎热的夏季，竹帘（Sudare）也为房间里送去一份凉爽。

上图： 榻榻米和窗框仿佛给窗外的樱花镶上了画框一般。

右页上图： 由于东京多丘陵，很多庭园设计都巧妙地借用了地势的天然坡度，而屋舍则大多建在了坡顶相对平坦的位置。八芳园里的池塘就位于斜坡底部。

右页下图： 樱花盛开，繁花满枝映在对面主楼的窗户上。

这一念头的驱使下，他买下了这片土地和周围的房产，总计大约四万平方米。他在这块土地上建了一栋房子和一个庭园，于1910年竣工。那时，著名的庭园设计师小川治兵卫，也参与了这座庭园的设计。当时的日本社会倡导"全盘西化"，庭园设计也不例外。小川治兵卫的作品恰好为日本庭园现代化设计中传统作庭技艺的应用设定了标准。他尤其善于在溪流旁设计蜿蜒的小路，两者并行，相得益彰。游人可以沿着小径漫步，欣赏着路边不断变换的美景。和江户时代典型的大名庭园一样，八芳园建筑中也巧妙地运用了远处平缓起伏的山峦和山谷轮廓，因此很难从一个角度观赏到庭园的全貌，这样就在视觉上营造出了开阔之感。小川治兵卫的作庭技术固然出色，久原房之助对作庭的热情亦是无比高涨，两人可谓最佳拍档。久原房之助从日本各地收集来古

上图： 在繁华的东京，
八芳园实属少有的僻静
之地。

树、石头、石灯笼以及各种石碑，悉数用在庭园设计当中。他希望庭园整体呈现出一种自然与和谐，尽量避免过多人造的痕迹。为实现这一点，他对建筑物、庭园、石头装饰之间的空间安排总是要反复琢磨，深思熟虑。

久原房之助时期的庭园里有一个大池塘、主宅、茶室和其他附属建筑，其中大部分保留至今。久原房之助的私人住宅壶中庵（Kuchu-an）在1951年面向公众开放。旧宅中的一些寝室至今仍在使用，是东京观赏樱花的绝佳场所。因此，在樱花季节来临之时，这些房间已经提前一年被预订满了。后来，八芳园又逐渐添加了餐厅、婚礼大厅和宴会厅，使得这座庭园成了目前东京一处热门的景点。

**左页图：** 在樱花季节，各种樱花次第盛开，因此形成的花期也相对较长，这也使得八芳园在樱花季备受青睐。

**下图：** 行人沿石板铺的小径漫步时，可谓移步易景，在每一个转角处都能欣赏到不同的景色。珍贵的盆景沿着路依次排列，无论是形态还是神韵，都直观地再现了参天大树原本的样貌。

金泽（Kanazawa）
# 成巽阁（Seison-kaku）

1868年的明治维新给日本政治和社会经济制度带来了巨变。随着封建制度的终结，整个封建建筑和庭园设计流派也宣告结束。成巽阁宅邸及庭园是转型时期建立的最后一批建筑之一，并作为国家重点文化遗产登记在册。这处宅园位于金泽市中心，靠近兼六园，原是加贺封建藩主的庭园。

**上图：** 这处入口花园彰显了这座宅园的气派和优雅。

**左页图：** 这座庭园按照典型的平庭式庭园（hira niwa）设计而成，地形平坦，没有任何人造假山。地上覆盖着厚厚的苔藓，一条小溪沿着弯曲的小路蜿蜒流淌。

　　成巽阁是为第十二任封建藩主前田齐广（Narinaga Maeda）的夫人隆子（Lady Shinryuin）修建的。她的儿子前田齐泰（Nariyasu Maeda），是加贺的第十三任领主，在1863年为他孀居的母亲修建了这座宅院，作为她的养老之所。他的母亲在1870年去世，享年八十四岁。随后，宅院易主，部分庭园被毁，其建筑一直被用作石川县（Ishikawa prefecture）的学校和博物馆，直到1908年重新回归前田家族。最终，该庭园于1950年被政府接管并向公众开放。

　　房屋和庭园都是按照高贵典雅的风格修建而成的，很适合贵族夫人居住。某些设计细节可以很好地说明这一点：隆子夫人的卧室门上并没有安装内侧门把手，因为仆从们总是随时恭候在门外，一旦听到屋内夫人行走在榻榻米上的脚步声便会为她开门。

　　成巽阁有三个庭园彼此相连，每个都特色鲜明，别具一格。一条小溪从旁边的兼六园流出，缓缓流经这三个庭园，如纽带般将它们联系在了一起。

　　第一个庭园叫"笔头草园"（Tsukushi-no-en），它是按照平庭式庭园设计的。人们可以从"蝶之间"（Cho-no-mo，一间蝴蝶主题的客厅）和"松之间"（Matsu-no-ma，一间松树主题的私人休息室）向外观赏庭园美景。在室内观景也未尝不可，坐在铺着榻榻米的过道和檐廊上，便可以欣赏整个庭园景色。这个二十米长的檐廊没有任何用以支撑的柱子，因此视线不受遮挡，整个庭园的全貌一览无遗，尽收眼底。一个隐蔽的悬臂木桁架支撑着悬于檐廊上方的屋檐。这种结构能够承重，因为金泽市每年冬季的雪量要超过一米八，而这个结构足以应对厚厚的积雪，匠心独具，令

人赞叹。这个庭园的中心伫立着一棵有着二百年历史的黑松（kuromatsu）。庭园里还有梅树（ume）、五针松（five-needled pine）、杜鹃（tsutsuji）、厚皮香和枫树（kaede）。这些大树共同构成了庭园的背景，而沿着溪流种植的低矮灌木和草坪则是庭园的前景。

第二个庭园叫"万年青园"（Omote-no-en），紧挨着"龟室"（Kame-no-en）。这个房间是隆子夫人的卧房。同样，庭园与房间之间是铺着榻榻米的过道和走廊。"Kame"的意思是乌龟，是延年益寿的象征，祈愿房间的主人健康长寿。这个房间拉门的木质壁板上也装饰有乌龟的图案。

小溪流经"笔头草园"时水流平缓，给人安静平和之感。而在"万年青园"内，河道有了起伏，溪流曲折流淌，欢腾跳跃，潺潺水声让人不禁联想到深山河谷。据说隆子夫人在这种自然声音陪伴之下才能睡得更香甜。第三个庭园是飞鹤庭（Hikaku），坐落于茶室清香轩（Seiko-ken）和清香书院（Seiko-shoin）附近。庭园的一部分直接延伸到了两座茶室下方，叫作"道园"（Do-en），上面铺着石灰泥地板，地板上还嵌有金泽市特有的彩色垫脚石。每块石头都是精心挑选出来的，形状和颜色都各不相同。无论是现在还是初建之时，这样的设计都足以令人赞叹不已。流经三个庭园的小溪在此处分出了一个小小的支流，弯弯曲曲地流入了道园。小溪将道园和主庭园连接起来，穿过小溪，便来到了铺满青苔、古树林立的主庭园。这里的建筑都有宽大的屋檐，这样的话，即便在下雪天也可以举行茶道仪式。道园实际上被当成了露地。露地是庭园中从入口处到茶室之间的部分。从露地走向茶室的过程中，客人们可以调整心绪，为进入茶的世界做好准备。

上图：道园是石灰泥地面，在清香轩茶室的台阶上可欣赏庭园景色。与道园一溪之隔的便是飞鹤庭中的苔庭。

左图：从清香轩茶室向外看，可见一个六边形的洗手盆，每一面都刻着儿童守护神地藏王菩萨的画像。

右页图：潺潺小溪从道园屋檐下流过，庭园景色仿佛随之流入了室内。拉门是"贵人口"（Kinin-guchi）式入口，这样贵族们不必弯腰就可轻松进入室内。通常，茶室的入口都是需要弯腰进入的膝行口，茶道上讲究人人平等，所以像"贵人口"这样的入口并不常见。

## 金泽（Kanazawa）
# 金茶寮（Kincharyo）

　　这家庭园酒店是设计师巧妙运用城区的陡坡地段建造而成。日本是山地国家，城市土地资源稀缺，因此在斜坡和困难地段上规划庭园着实是一门高超的技艺。

　　金茶寮最初是横山男爵（Baron Yokoyama）的财产之一。江户时代横山男爵是加贺前田藩主麾下的一名重臣，后来成了一名成功的矿业家。历史悠久的"御亭"（Ochin）茶亭也是他在江户时代末期的财产。明治时代初期，根据当时推行的土地政策，政府规划出三千三百平方米山地来建造金茶寮庭园，建筑物主要集中在山顶，庭园则依山势而建，向下延伸。1934年，京都美食和茶道爱好者竹内春次郎（Harujiro Takeuchi）购得这处产业，并在这里开创了独具一格的日本餐厅，把京都美食特色融合到了加贺传统烹饪当中。这也就是我们现在所熟知的金茶寮的雏形。该建筑群由主建筑和五个小型附属建筑组成。虽然该建筑群迎合了昭和时代日西风格交融的潮流，但传统日本庭园之精髓依然得到了最大程度的保留。

右图：小路上铺的白色砾石为力求水石（Kansuiseki），待年雪后都要更换，以保持新造如初。

左页图：明亮的鹅卵石也是为了营造出雪花飘落的景象。

第188-189页图：瀑布最大化地利用了庭园自然的坡度。日式庭园中，各种各样的瀑布神态各异，气韵万千，或飞流直下，坠入石间，或在石上欢腾跳跃，激起朵朵浪花。

金茶寮庭园的大门是一座典型的昭和时代早期的西式石拱门。大门连着一条小型车道，车道四周是修剪整齐的杜鹃花和雕琢精美的松树。从入口处便能看到里面日本建筑的房檐，那里是西式客厅和管理办公室。亮白色的砾石小径被耙制出了整齐的纹理，砾石中一块块大石板嵌在其中，设计精巧而独特。站在此处，游客们既可以观赏下方庭园内的景观，又能眺望金泽市中心，极目远望，还可见起伏的山峦。沿着一条条蜿蜒曲折的小路，拾级穿过庭园，便可见一座江户时代的茶亭，名为"御亭"。从茶亭的窗户向外望去，可以看到枝叶繁茂的树冠，仿佛置身于树屋一般。茶亭内的木头古色古香，散发着岁月的光泽。上面雕刻的图案和门把手样式都体现了江户时代末期的设计特色，当时西方文化已开始在日本逐渐流行起来。

从"御亭"出来，沿着小路循着瀑布的水声，便来到了"富贵之间"（Fukinoma）茶室。在庭园的这一层景观之中，依陡坡倾泻而下的瀑布处于中央最显眼的位置，格外引人瞩目。日本人对庭园设计中的诸多要素都进行了细致的研究和分类，瀑布也不例外。像《作庭记》之类的诸多作庭典籍都图文并茂地介绍了瀑布的设计技巧，让园中的瀑布尽显天然之趣。金茶寮庭园中的瀑布可谓设计精巧，匠心独具，有的细流沿着岩石缓缓流淌，有的则顺着岩石之间的落差层层跳跃，发出清脆的声响。有时也会顺着水流的方向错落有致地摆放几块岩石，流水遇阻，溅起清凉的水花，阵阵凉意随着夏日微风四下飘散。瀑布周围的岩石也经过精心布置，摆放的位置和形态十分考究，与周围景观自然相融，相得益彰。瀑布最终流入了与庭园有十二米水平落差的犀川河（Saigawa River）。

大小相当于七十个榻榻米的主茶室"本馆"（Honkan）位于"富贵之间"茶室的上方，在这里可以欣赏到庭园和瀑布的全景。当夜幕降临，珍奇的树木、石灯笼和洗手盆等被灯光一一照亮的时候，园内的景色便显得格外壮美。

定期维护和保养是打理日本庭园的关键。金茶寮有专职人员负责清扫庭园，浇灌植物，打理石径和台阶等。在庭园主人们看来，如果不能一如既往地对庭园进行维护和管理，庭园很快便会失去最初的意境与魅力。

金茶寮庭园接待过多位日本皇室成员、有影响力的政治家、商界领袖以及像亨利·基辛格（Henry Kissinger）这样的国际政要。

**左图：** 在远处的庭园中，如岛屿般的巨石隐身于一片盎然绿意之中，与那盏石灯笼交相呼应。

**下图：** "御亭"茶室是整个建筑群中最古老的建筑物，初建于江户时代后期。茶室两侧是开放式的，能从此处看到繁茂的树冠，让人如置身树屋中一般。

**右页图：** 一些石灯笼点缀在庭园周围，柔和的灯光照亮了道路。右页图中的这一盏灯笼为"富贵之间"前的蹲踞式洗手盆照明。

# 东京（Tokyo）
# 春花园盆栽美术馆
# （Shunka-en）

盆景是日本代表性的艺术之一，旨在运用微缩形式和较小的空间来展现大自然的壮丽。盆景的缩微、培育和展示技巧都是这种艺术形式的一部分。树的缩微处理始于印度，最早在阿育吠陀医学领域用于草药的种植。这一技艺传到中国后，逐渐被运用到美学欣赏的领域，被称为"盆栽"，即种在花盆里的植物。到了14世纪的室町时代，该技艺传入日本，"盆栽"一词也随之传播开来。盆景艺术与园艺（engei）或花艺截然不同。花艺强调花朵本身的美丽优雅，而盆栽则注重体现树的"筋骨"和精神。

位于东京江户川区（Edogawa）的春花园盆栽美术馆汇集了小林国雄（Kunio Kobayashi）平生最具代表性的作品。他认为盆景艺术类似于绘画，并将黑白水墨画（yohaku）中的粗线条比作盆栽的粗壮枝干。然而，盆栽的粗线条往往需要十年、二十年甚至上百年来培育。在时间、自然和人三者的共同作用下，树的细枝末节被舍弃，内在的精髓逐渐显现出来。虽说父亲是一名花农，但小林认为自己的盆栽作品及对盆栽艺术的哲学思考与父亲并不相同，却与担任牧师的祖父的观念相近。他将"人生苦短，生命无常"的理念融汇到盆栽设计当中，用枯枝朽木与鲜活的枝干彼此缠绕来象征生与死的完美融合。"サバ幹"（Sabakan）盆栽是指树干被折断，形如骨头，或者树干意外受损的盆栽。"石付"（Ishit-suki）盆栽的树根盘结覆盖于岩石之上，这也是生与死和谐并存的表现手法。

这棵七百岁的黑松盆景被陈列在由明治时代陶匠田中启文（Keibun Tanaka）制作的一个大型水陶盆中。

**左图：** 这个 "サバ幹" 五针松（sabakan goyomatsu）盆栽造型独特，树干的一部分是破损中空的，与绿叶的生机盎然构成了鲜明的对比。

**右页图：** 刺柏（Shimpaku）可以被巧妙地做成盆景，不过要花上几百年的时间来培育，乃人、自然和时间三者通力协作的产物。树干的左侧是活的，而右侧则是枯木。

下图：这株一千五百岁的刺柏树是这个盆栽园里的明星。它的树干构成复杂，一部分是活的，一部分早已死去。活枝和枯木的组合在盆景中极具价值，象征着现在和过去的和谐共处。

右图：盆栽被陈列在高处，与视线齐平，既利于观赏，又便于打理。春花园盆栽美术馆的石头和沙砾都会在游客到来之前用水打湿。

在日本，达官显贵一直是盆景艺术的重要资助人，而古老的盆栽也有着独一无二的历史。春花园盆栽美术馆中最古老的盆栽大约有一千五百年的历史。这个庭园里的另一棵树是日本皇室的收藏，最初由幕府将军德川家光（Iemitsu Tokugawa）所有。他十分喜爱盆景，据说曾有一位名叫大久保彦左卫门（Hikozeamon Okudo）的大臣把家光最珍爱的盆景摔碎，以此来劝诫他不要沉迷于盆景。

制造盆景从选取合适的树株开始。生长在恶劣环境下的树往往是制作盆栽的首选，例如那些生长在悬崖峭壁和迎风坡上的树木为了生存，大多树形矮小。有人专门负责挑选这样的树株，然后卖给像小林国雄这样的盆栽大师。在日本，适合制作盆栽的树木已所剩无几，现在大多从东亚或遥远的西班牙进口。当然，中国作为日本盆栽技艺的传入国，也是日本进口盆栽树株的主要国家。

选好树株之后，便要仔细研究它的特点和改造潜力。小林认为了解一棵树的神韵是培育盆景的关键。在确定了一株盆栽所要表达的理念之后，便要依照人、时间和自然三者协作的原则，让树木慢慢成长出自己独特的美。在此过程中，人们会逐一剪去不必要的枝节，保留其精华的部分。然而，这不是一个可以一蹴而就的过程，为了不给树木带来严重伤害甚至致其死亡，哪怕仅仅一根树枝的移除都可能就需要花费数年时间。在经过多次小的修剪整理之后，才可以最终将整个枝干除去。有时需要将某些枝条做出弯曲的造型或将其修剪成特定形态，以再现大自然中的参天古树的风采。古树的生命力也是盆栽力求表现的重要内容，例如，松树低垂的枝干末梢上那直指天空的枝叶便是古树生命力的象征。为了让枝干形成一定的弯度，有时还需要在其枝节相交处做一点切口。

和大多数日本艺术品一样，盆景艺术也有三种形式："真""行""草"。"真"式盆栽树株笔直生长，高大且对称。"行"式盆栽通常弯曲盘绕，呈流线型，且大多不对称。相对前两者来说，非正统类植物、竹子和绿草等盆景则属于"草"式盆栽。容器和树株之间也要达到和谐与平

衡，因此要根据不同的植物类别选择相应的容器，这点非常重要。"真"式盆栽通常选择正方形或长方形的容器，"行"式盆栽的容器通常是椭圆形的，"草"式盆栽通常采用圆形容器。容器的选择还取决于树的结构和根部的生长情况，盆景周围空间的延伸也十分重要，这些都要在设计时仔细揣摩，小心拿捏。关于盆景设计的传统和规则，最初是由昭和时代早期学者小出信吉（Shinkichi Koide）编写和记录的。

春花园盆栽美术馆有超过两千棵盆栽，是日本十大盆景园之一。许多人把自家盆景带到这里保管，只有在举行特殊庆典或活动时才会取回，结束后又会送回到园中。浇灌盆景也是培育过程中十分重要的一个环节。浇水量和浇水频率决定了树木生长的快慢以及叶子和树枝的长势及大小。在春花园盆栽美术馆，人们会严格控制叶片的长势和大小，使其与树干比例协调。

春花园盆栽美术馆不仅是一个庭园，也是一个盆景艺术的教学场所。小林国雄特别热衷于为远道而来拜他为师的外国学生提供相关的培训，他认为这是把日本文化传授给世界各地年轻人的绝佳契机。近年来人们对日本盆景的关注度呈下降趋势，小林的这一做法对于盆栽艺术发展来说意义重大。

小林国雄刚刚建造了一座漂亮的日式建筑，由他的画家老师佐佐木（Sasaki）参与设计，用来存放和展示他收藏的盆景。为了最大化利用每个展览的机会，这座房子特意增添了壁龛。主厅有三个壁龛，每个壁龛的正式程度各不相同，因此可以同时欣赏三种风格的盆景。小林的盆景获奖无数，现如今也远销海外，尤其是欧洲。

**左上图：** 盆景的曲线造型与拉门框架以及屏风的直线形成了鲜明的对比。

**右上图：** 小林国雄认为他创作和打理盆景的棚屋就如同画家的工作室。

**左页图：** "无穷案"（Mukyu-an）茶室的布置和装饰是为了庆祝新年的到来，室内摆放着有一千年历史的真柏盆景和一幅卷轴，卷轴上描绘的是新年初升的太阳。

# 东京（Tokyo）
# 日本国际文化会馆
## （International House of Japan）

日本国际文化会馆位于东京市中心，是一座景致优美的庭园，交通便利且向公众开放。作为一个致力促进国际文化交流的机构，该庭园对社区建设做出了不可忽视的贡献。庭园以及会馆的主建筑与日本的历史发展交织在一起。该地在江户时代以前属于京极（Kyogoku）家族。第二次世界大战后，日本政府暂时接管，后来才正式得名日本国际文化会馆，并由其基金会负责管理。

现在的这座庭园是1930年小川治兵卫设计的，主要用于接待外宾。小川是来自京都的著名设计师，秉承了植治作庭师们的设计传统，并在1879年获得了"七代小川治兵卫"的称号。他被誉为日本最高产也是最具创造性的庭园设计师。跟小堀远州一样，他在日本现代化进程早期尝试把现代元素融入传统日本庭园设计当中。他不仅对借景这一传统作庭理念进行了创造性革新，而且还善于利用庭中溪流来增加

**左上图：** 传统的庭园建造指南中都会建议垫脚石之间的距离约等于一只木屐或一只庭园拖鞋的长度。这样一来，行人就可以轻松自如地在上面行走了。

**右页图：** 这座现代主义的地标性建筑探入池塘上空，设计巧妙，屋顶庭园更是别具一格，与周围景色完美融合。建筑上层外围的平台与日本传统建筑中的檐廊类似。

庭园的独特魅力，他也因此远近闻名。在江户时代和明治时代，为了保障水上运输、居民用水、灌溉以及应对火灾开凿了许多运河。琵琶湖是日本最大的湖，位于京都附近，多条运河都与该湖相连。小川开创性地将连通琵琶湖的河水引流到贵族的庭园之中。湖水从一处庭园流到另一处，最后再汇入河流或运河中去。这一创新性设计影响极其深远，人们把它叫作"小川风"。除此之外，他还在京都设计了平安神宫（Heian Shrine）、圆山公园（Maruyama Park）、京都国家博物馆（Kyoto National Museum）和无邻庵（Murin-an Retreat）。

现在的日本国际文化会馆是1955年由三位日本著名建筑师前川国男（Kunio Maekawa）、坂仓准三（Junzo Sakakura）和吉村顺三（Junzo Yoshimura）共同设计的。前川在1976年对建筑进行了扩建。值得一提的是，这几位建筑师是日本现代化建筑的先驱，其建筑风格受到了勒·柯布西耶（Le Corbusier）和其他现代主义建筑大师的影响，但是他们却在设计中很好地体现了日本建筑之精髓，将建筑和庭园美景完美结合起来。最能体现这一特点的要数在池塘上方建造房屋的设计了。这一设计灵感来源于平安时代的画轴上的装饰图案。小川设计完成后的庭园经历了很大变化，

**左页图：** 房屋下面的庭园景观与房顶的庭园景观巧妙衔接，完美配合。设计者用纹石代替围栏，将房顶边界标注清楚，以防人们距离边缘太近。

**右图：** 日式庭园通常被设计成前景、中景和背景三部分。这个庭园的前景是草坪，中景是修剪整齐的杜鹃花和灌木，远景是山上高大的树木。

以前河水充盈的河道已经干涸，茶室早已荡然无存。但是桃山时代和江户时代的庭园风格在这里仍依稀可辨，尤以池塘周边最为典型。由于坐落在最好的地段，日本国际文化会馆的房屋和庭园一度险些在世纪之交被开发者拆除。经过日本建筑协会和会馆成员一再抗议，会馆才得以保留至今，而且其中的现代主义地标性建筑也得以翻新。东京港区（Minato Ward）于2005年10月把该庭园指定为风景区。

**右页图：** 除了底部的池塘，庭园中还用鹅卵石铺成了蜿蜒的河床，乍一看给人一种水从山上流入池塘的感觉。

**下图：** 挖掘池塘时的泥土堆成了一座座小山，风景如画，是池塘天然的背景板。

# 庭园词汇表

**amado：** 坐落于shoji（日本式拉动开关的门扇）或sudo（竹制门扇）外的护窗

**araiso：** 字面意义是"布满岩石的河（海）岸"，通常指庭园中水边的岩石群，可以让人联想到崎岖的海岸线

**bengara：** 从孟加拉引进的红色颜料

**byakusadan：** 庭园中的白色小山丘

**chisen：** 池塘，在庭园中也被叫作"ike"

**doma：** 日式传统民居中的袋装土入口

**engawa：** 侧缘门廊，通常在房屋庭园一侧

**feng shui：** 中国风俗，用于在建筑和庭园设计中占卜吉凶

**fumi-ishi：** 平顶踏脚石

**goyomatsu：** 日本五针松

**hanashobu：** 日本鸢尾属植物（Iris ensata）

**hira niwa：** 平庭开放式庭园

**hojo：** 方丈的临时住所

**ike：** 池塘

**ishi：** 岩石或石头

**ishidoro：** 石灯笼

**ishigumi：** 石阵

**ishihama：** 鹅卵石沙滩

**ishi niwa：** 石头庭园

**ishi-tate-so（又称 ishidateso）：** 日本中世纪的禅宗牧师，他们经常为上层武士阶层建造庭园，并以此作为寺庙的经济来源

**ishi-tsuki bonsai：** 根部攀附于岩石上的盆栽树

**iwahama：** 鹅卵石沙滩

**iwajima：** 庭园池塘中的石头岛，也叫gantou

**iwakura：** 磐座，承载着日本神道教精神（kami）的神圣之石

**Jodo：** 字面意义是净土。净土庭园寓指佛教净土和天堂

**kakitsubata：** 燕子花，与鸢尾花（hanashobu）区分开来

**Kanj：** 汉字

**kansuiseki：** 在庭园小路上的垫脚石周围铺的白色砾石

**kare nagare：** 枯河，也可指用石组呈现出的水流的形态

**karesansui：** "枯山水"庭园，用石头和沙子来表现水流的形态

**karikomi：** 修剪整齐的灌木

**Kasuga doro（or toro）：** 石灯笼，在别具风格的莲花底座上有螺旋形冠石

**keyali：** 榉树

**Enshu Kobari：** 小堀远州，十七世纪早期的著名庭园设计师

**kuri：** 寺庙中的僧侣居住地

**kuromatsu：** 黑松

**kutsunugi-ishi：** 茶亭或书院式房间入口处的换鞋石

**lkyokusui：** 在奈良时代早期庭园设计中较流行的蜿蜒溪流

**ma：** 暂歇，通常房间名会用到这个字，意为放松小憩

**machiai：** 等候区

**mitate：** 字面意义"擦亮眼睛看世界"，通常指从新角度看待日常事物所收获的小惊喜

**mokkoku：** 山茶树，厚皮香，山茶科常绿乔木

**momi：** 冷杉

**momiji：** 日本枫树

**Mount Horai：** 蓬莱山，道教的中心山，通常在日本庭园中以直立的岩石来代表蓬莱山。

**Mount Shumisen：** 须弥山，佛教宇宙的中心，在日本庭园中常以直立的岩石来代表须弥山。也叫Sumeru in Sanskrit

**Soseki Muso：** 梦窗疏石，著名僧人，在14世纪前叶用沙子，砾石和石头设计了许多庭园

**nagaya-mon：** 主门，大门

**naka niwa：** 里院中庭或院内庭园

**namakokabe：** 一种墙，多用于储藏室，通常采用黑色瓷砖，瓷砖周围以白色石灰围边

**Nishinoya doro（or toro）：** 长方形石头制成的石头灯笼

**niwa：** 刚开始指日本神道教中的净地，现在可指任何庭园

niwa-shi：作庭师，庭园建造者

nohanashobu：野花菖蒲，日本鸢尾的原种

nokishinobu：一种食用菌，味道很棒，深受日本人喜爱

onmyodo：万物有灵论，对石头灵力的信仰和佛教传入日本之前的诸多迷信思想

Oribe doro（or toro）：一种没有底座的灯笼，放置在地面上

roji：庭园尤其是茶庭中用垫脚石铺就的小路

sabakan：树皮缺损、造型奇特的盆景，枝干常因恶劣天气或自然灾害而变形扭曲

sabi：一种美学概念，追求简单纯朴和年代感所产生的缺憾美，通常与wabi连用。

Sakuteiki：《作庭记》，日本最古老的庭园设计典籍，一说作者是橘俊纲。于平安时代早期出版

satsuki：日本杜鹃花
（*Rhododendron lateritium*）

Sen no Rikyu：千利休，桃山时代的一流茶艺大师之一

shakkei：借景，如附近的树木和远处的山脉，在庭园设计时通常会考虑到借景的运用

shikkui：用于涂抹内墙或外墙的海草浆和麻纤维石灰膏

shime- nawa：一种草绳，系在树、石上或其他物体上来昭示神圣

shinden：字面意义是卧房、寝殿，但在平安时代指贵族宅邸中的主房

soribashi：拱桥

Shirakawa：白川中的白沙。是石庭中常用的材料

shishiodoshi：字面意义是"驱赶野猪的装置"，由两片竹子制成的一种庭园装饰，能发出尖锐声响

shoin：低矮的书桌，书房由此得名

shoin：正统风格的日式房间

shoji：由木格子和日本纸制成的滑动纱门

sorihashi：拱桥

suhama：庭园池塘周边的石头，会让人联想

到铺满鹅卵石的河滩

Sukiya style：表现出侘寂之美的茶道、茶亭或房屋等

tataki：嵌于地面的砾石

tatami：由紧实的稻草编织而成的地毯，规格通常为90×180厘米

teien：一种庭园，通常比niwa大一点

toro：灯笼

tsubo niwa：中庭、小型内庭，通常建于城市中屋宅后面的狭窄空间，有利于房间的光照和通风

tsukiyama：人造山

tsukubai：水池，洗手盆

tsuru ishi：像鹤一样的石头

tsurujima：庭园池塘中的鹤岛，象征长寿

tsutsuji：杜鹃花，日本庭园中很受欢迎的植物，Satsuki也是其中一种

ume：梅树

wabi：美学概念，极简朴素或残缺之美，传达与自然和谐共处的理念，常与sabi连用

yama：山

yarimizu：流经庭园的水渠，常流入园中池塘

yukimi-doro（或-toro）：字面意义是观赏雪景的灯笼，经常建在池塘边

yuki zuri：罩在树上方的用绳子编织的伞，用以防止树枝被大雪损坏

# 致谢

　　除了时间、阳光、土地、流水和微风，出版这样一本关于庭园的书，最应该感谢谁呢？作者希望借此拙作将庭园的美带给读者，在这个过程中得到了许多人的帮助和支持，我们对此表示诚挚的感谢。尤其要感谢摄影师长田朋子（Tomoko Osada），见解独到的建筑师赛特·德马特（Sytse de Maat）以及一直协助我们研究考察的阿尔俊·梅塔（Arjun Mehta）。我们也衷心感谢东辰巳（Tatsumi Azuma），泽田钦也（Kinya Sawada）和金森千惠子（Chieko Kanamori），他们在广岛和金泽为我们介绍了许多秀美的庭园。当然，还要特别鸣谢本书的项目协调员村田薰（Kaoru Murata）。